간향 Critica 01

시티 몽타주
City Montage

건축가 이종호의

바른손센터+이화정동빌딩 건축 이야기

시티 몽타주
City Montage

초판 펴낸날 2017년 2월 17일 **등록번호** 마포 제2010-364호
지은이 송종열, 김재경, 우의정, 전진삼 **편집자** 박지일, 정평진
디자인 Design Battery **인쇄 · 제책** 서울문화인쇄(주) **종이공급** 신안지류유통

펴낸이 전진삼 **펴낸곳** 간향 미디어랩 **주소** 03994 서울특별시 마포구 양화로 175(동교동, 마젤란21오피스텔 909호)
전화 02-2235-1960 **팩스** 02-2235-1968 **이메일** widear@naver.com
홈페이지 www.ganyangclub.com

판매대행 시공문화사 **주소** 03733 서울특별시 서대문구 독립문공원길 13(현저동, 극동프라자 5층)
전화 02-3147-1212, 2323 **팩스** 02-3147-2626
이메일 spacetime@korea.com 홈페이지 www.spacetime.co.kr

정가는 뒤표지에 있습니다. 잘못된 책은 구입하신 곳에서 교환해 드립니다.

ISBN 978-89-956175-5-7 (93540)

City Montage

시티 몽타주

송종열 · 김재경 · 우의정 · 전진삼 지음

間鄉

이종호(1957~2014)

한양대학교 건축학과를 졸업하고 김수근의 공간연구소에서 설계실장으로 근무했다.
김수근 사후 스튜디오 메타로 독립하여 대표를 역임했고, 한국예술종합학교 미술원 건축과 교수로 재임하며 도시건축연구소(IAU) 소장을 역임했으며 서울건축인회의(SA) 의장으로 활동했다.

주요 작품으로 율전교회, 바른손센터, 홍천휴게소, 명지대 방목기념관, 박수근미술관,
이화여고 100주년 기념관, 분원백자관, 이순신기념관, 노근리기념관, 마로니에공원 등이 있다.
연구물로 광주문화도시연구, 순천문화도시연구, 아산 영인면연구, 용산 역세권문화전략연구,
한강-임진강 연안지역연구, 경기도 정체성 연구, JDS신도시연구 등이 있다.

주요 전시참여로 〈DMZ〉전, 〈아름다운 서울〉전, 〈삶과 건축〉전, 〈현대건축 100년〉전,
〈99양평OO〉전, 〈김수근문화상 수상자〉전,〈Mega City〉전, 〈S(e)oul scape〉전 및
광주비엔날레, 부산비엔날레, 베니스비엔날레 초대작가로 활동했다.

그밖에 다수의 한국건축가협회상 및 특별상, 김수근문화상, 건축문화대상을 수상했다.

목차
Contents

비평
Criticism

송종열
건축평론가, 계간 《건축평단》 편집위원,
계간 《황해문화》 문화비평/건축 고정필자

들어가며

무엇을 먼저 숙고할 것인가?

논의를 시작하기에 앞서 언급해야 할 물음은 논의 대상[선정]에 관한 것이다. 왜 바른손센터(1994)와 이화정동빌딩(2016)인가? 이 질문은 적어도 두 가지 측면에서 타당한데 우선, 건축가가 생전에 수행했던 다양한 역할—건축가, 교육자, 공공프로젝트 기획자—을 고려했을 때, 두 개 작품만으로 온전히 그의 건축세계를 담아낼 수 있느냐는 물음이 있을 수 있고 두 번째, 수많은 프로젝트를 통해 실현된 다양한 성격을 감안할 때, 건축가의 스타일이라고 할 수 있을만한 일관성을 포착하기 어렵다는 점에서 논의가 제한적일 뿐만 아니라 자칫 건축가에 대한 편협된 이해를 초래할 것이라는 우려에 직면할 수밖에 없기 때문이다.

이에 대한 해명은 반드시 짚고 넘어가야 하는데, 향후 이 글의 논의 방향과 직접적으로 관련되어 있기 때문이다. 이들 프로젝트가 갖는 특성은 우선, 이종호의 건축 인생에서 처음과 끝을 차지하는 건물들로 앞서 언급했듯, 하나는 건축가로 자리매김할 수 있도록 한 작품이고, 다른 하나는 건축가의 유작에 해당한다. 이 둘의 공통점은 도심지 내에 실현된 건물이라는 점이다. 이 두 가지 특성은 무심코 지나칠 수도

있겠지만 논의의 출발점이 될 수 있는 세 가지 계기를 즉각 마련해 준다는 점에서 짚어보고 가야한다. 첫 번째는 건축가의 작품성향이 어떻게 변화했는지 변증법적으로 살펴볼 수 있다는 점이고, 두 번째는 그로써 두 작품 간의 차이점뿐만 아니라 공통점이 무엇인지 자연스레 관심을 가질 수밖에 없도록 하는데, 예컨대 건축가가 오랜 시간 '끊임없이 숙고했던 문제'가 무엇인지 들여다 볼 수 있는 계기를 마련한다는 점이다. 그리고 세 번째는 두 프로젝트를 도시의 맥락에서 살필 수 있도록 한다는 점이다. 그로써 우리가 설정할 수 있는 첫 번째 물음은 "도시적 맥락에서, 두 건물은 어떤 차이를 보이는가?"하는 것으로 요약할 수 있을 것이다. 하지만 이 물음은 생각만큼 간단치 않다. 그런 까닭에 각각의 계기를 좀 더 상세하게 다룰 필요가 있다.

첫 번째 계기, 그러니까 건축가의 작품 성향과 관련해 짚고 가야 할 점은, 초기작 바른손센터가 도시의 커다란 변곡점에 위치한 것과 유사하게, 그의 건축적 관심은 수많은 변곡점을 거쳤다는 사실이다. 이는 그가 실무건축가, 교육자, 공공프로젝트 기획자로서 늘 복합적이고 다층적인 차원에서 건축을 바라볼 수 있는 상황에 놓여있었던 점과도 무관치 않다. 문제는 그 같은 변곡점들이 '어떤 이론적 계기를 내장하고 있는가?'

하는 것이다.

이는 두 번째 계기와도 연관되는데, 그 같은 질문을 통해 건축가가 끝까지 놓지 않았던 관심사가 무엇인지 추적할 수 있기 때문이다. 이 물음이 중요한 이유는 한편으로 건축가가 가장 중요하게 여겼던 시대적 문제의식이 무엇이었는지 파악할 수 있고, 다른 한편으로 그가 우리에게 남긴 건축적 유산과 숙제가 무엇인지 가늠할 수 있는 잣대가 되기 때문이다.

세 번째 계기는 두 건물이 갖고 있는 공통점이 도심지에 지어진 건물이라는 데서 찾을 수 있다. 하지만 이 작업은 몇 가지 난점을 안고 출발할 수밖에 없는데, 왜냐하면 두 건물은 형태언어, 공간 짜임새, 개념적 시도 등 거의 모든 부분에서 커다란 차이를 보이기 때문이다. 이처럼 다른 두 건물을 하나의 지면에 다룰 때 부딪히는 첫 번째 난관은 비교할 만한 연결 지점을 찾기가 쉽지 않다는 데 있다. 설령 그 지점을 찾는다 하더라도 그 조건이 지나치게 일반적인 경우라면 상황은 마찬가지다. 그로써 이 글에서 전개할 수 있는 논의방식은 제한적일 수밖에 없는데, 시기적으로 초기 작인 바른손센터를 도시맥락에서 살펴보고, 그 과정에서 추출된 몇 가지 개념들을 바탕으로 이화정동빌딩의 특성과 비교하는 방식으로 접근해 갈 것이다. 그럼에도 그의 건축에 면면히 이어지는 특성을 발굴해 낼 수 있을지 의문이다. 만약 그것이 가능하다면, 그가 끝까지 놓지 않았던 물음이 무엇인지 자연스레 드러날 것이다.

바른손센터

건물 가운데로 열려 있는 진입부는 건물의 매스를 좌 · 우로 갈라놓고, 선큰플라자의 진입부에 도달하면 매스가 전 · 후로 나누어진다. 원거리에서 건물을 볼 때 독립적으로 인지되던 세 개의 분화된 매스는 중앙의 넓은 진입통로를 지나 선큰플라자에 이르면 어느새 각각의 매스가 팔을 걸어 맨 것처럼 일체화되어 관람자를 둘러싼다. 건물 뒤편의 지면 아래로 푹 파인 플라자를 향해 단계적으로 내려가는 계단은 관람자로 하여금 상대적으로 강하게 상승하는 위요감을 느끼도록 한다. 공간을 인식하는 감각에도 갑작스런 변화가 일어난다. 선큰플라자의 지상 진입부까지만 하더라도 공간 인식에 아무 문제없었던(?) 시각이 혼란을 겪는다. 분화된 매스에서 느낄 수 있었던 느슨함이 사라지고, 관람자는 결구된 매스들의 틈새에 끼어 압박감을 느낀다. 시선은 격렬하게 변주를 일으키는 공간의 갈래를 좇아 산만하게 흩어지고, 바짝 다가선 벽과 하늘 우물로 이어지는 길쭉한 매스로 인해 관람자는 조여드는 긴장감을 느끼게 된다. 시선을 가로지르는 어지러운 선들—다리와 계단—은 순간 피라네지G. B. Piranesi의 [상상의] 감옥시리즈 일곱 번째 작Carceri Plate VII 도개교The Drawbridge를 떠올리게 한다. 아늑한 위요감이 아니라 팽팽한 긴장과 '불안'이 공간을 가득 메운다. 지상 2층 어딘가에 불쑥 매달린 철제 계단은 어색한 제스처로 시선을 방해한다.

사무동에 걸터앉은 곡면 벽은 휘어져가는 도로의 스케일에 면으로 대응하고, 중심과 후면의 사무동과 주차동은 부지 주변의 블록을 각각 끌어안는다. 가로에서 입구, 그리고 플라자를 거쳐 선큰바닥에 이르는 열린 공간들은 비스듬히 건물의 하부를 덮는다. 진입 동선인 중심을 열고, 건물의 하부와 후면을 열어 놓았다. 진입하자마자 동선은 두 개로 분리된다. 2층으로 향하는 좌측 동선은 협소한 데 반해 선큰 플라자로 향하는 우측 동선의 폭은 압도적으로 넓다. 진입의 한쪽 벽면에 스카르파Carlo Scarpa의 조형을 연상시키는 몇 개의 널찍한 돌판이 다양한 표정을 하고 관람자의 시선을 잡아끈다. 도시의 격자와 자연순응 체계가 만나는 곳에 위치한 바른손센터의 외부변곡점은 건물의 영역으로 들어와 무수한 변곡점들로 산란한다. 열림과 닫힘, 안과 밖, 전면의 노출 프레임과 발코니, 수직 기하와 유기, 다리와 계단, 수평 바닥과 수직 벽,

거기에 비스듬히 박힌 녹슨 벽 하나하나가 변곡점을 이룬다. 앞과 뒤, 좌와 우, 아래와 위로 분할된 공간은 복잡하게 얽힌다.

도시 몽타주

방배동에 있는 건물 사이트에서 바른손센터가 위치할 대지가 강남이라는 격자 체계 질서와 영등포라는 자연순응체계가 만나는 도시의 커다란 변곡점이라고 보았다. 도시의 커다란 변곡점을 마주한 바른손센터의 대지는 강남의 격자 질서 체계와 영등포 외곽의 자연 순응 체계의 접점에 위치하고 있다. 가로측의 곡선을 응축시킨 커다란 벽과 뒤로부터 삐져나오는 격자 체계들로 구성된 전면 구성의 요소는 이러한 두 질서 체계로부터 근거하는 결합을 드러내 보이는 동시에 변곡점의 의미를 과장하는 몸짓이다.[1)]

이 글은 바른손센터의 설계개요 중 일부를 발췌한 것인데, 흥미로운 것은 단순히 건축물의 입지를 설명하는 데 그치지 않고 건축가의 설계 의도나 건축적 접근방식을 유추해낼 수 있는 단서를 제공하고 있다는 점이다. 건축가는 건물의 입지가 자연 체계와 도시의 격자 체계가 만나는 변곡점에 위치해 있다는 사실을 적극적으로 드러낸다. 설명에 따르면, 바른손센터의 형태 언어나 정체성은 '변곡점'이란 표현에 압축되어 있다고 해도 과언이 아니다. 변곡점이란 주지하다시피 일종의

---

1) 우의정, 『건축가 이종호』, 우리북, 2016, 39쪽

전환이 이루어지는 경계지점이면서도 다른 질서 체계가 결합하는 지점이다. 우리는 여기서 몇 가지 사실을 더 추론해 볼 수 있다. 첫째는 건축의 자기완결성이나 내적논리보다 도시맥락이 더 중요하게 고려된다는 점이고, 둘째는 건축과 도시 간에 설정되는 '관계'가 자연스레 중요한 화두로 떠오를 수밖에 없다는 점, 그리고 세 번째는 '도시-건축'이라는 새롭게 설정된 관계를 통해, 건축[사유영역]은 도시의 영역까지 확장 된다는 점이다. 요컨대 바른손센터는 도시의 맥락, 건축과 도시의 관계, 도시로의 확장이라는 화두를 형태 언어로 제시한다. 따라서 도시 안에서 "건축공간의 시작은 도시 공간의 끝과 접속되는 부분에서 비롯된다"[2)]는 표현은 바른손센터의 입지를 말하는 동시에 건축과 도시의 관계—건축은 도시 안에서 어떻게 존재하는가?—를 규정하는 말이기도 하다.

바른손센터가 갖고 있는 네 면의 각기 다른 형태는 대로변으로부터 시작해 각기 다른 스케일을 가진 나머지 세 면의 도시조직을 반영한 결과라는 것을 누구나 알 수 있다. 예컨대 면밀한 조율을 거쳐, 도심지와 남부외곽을 연결하는 간선도로, 순환도로의 양 측면에서 마주하고 있는 도시의 다른 조직이 건물의 각 면에 은유적 형태로

---

2) 앞의 책, 39쪽

박힌 것이라 할 수 있다. 즉 다양한 도시조직이 '몽타주처럼' 건물에 새겨져 있다. 도시의 맥락적 특수성이 건축[문제]에 기입된 것이다.

바른손센터는 90년대 초반 오피스건물에 대한 일반적 인식과 설계 접근방식에 충격을 준 것은 분명한 사실이다. 하지만 이십 여 년이 지난 오늘날, 맥락을 고려한 형태언어는 건축에서 흔한 접근방식이 되었다. 그럼에도 이를 되짚어 볼 필요가 있는데, 이와 같은 접근방식이 갖는 의의를 상기시킴으로써 오늘날 사용되는 '맥락[성]'이라는 용어가 갖고 있는 타성을 환기시킬 수 있기 때문이다.

도시의 맥락과 몽타주는 일견 타당한듯해 보이지만 모순적인 조합으로 다가온다. 그럴 수박에 없는 것이 몽타주는 '탈맥락화된 편린들의 조합'인 까닭이다. 건축의 형태 성립을 위한 당위 조건으로 끌어들인 도시 맥락이 논리적 균열을 일으키는 곳이 바로 이 지점이다. 우리는 여기서 몇 가지 사실을 확인할 수 있다. 첫째, 건축에서 말하는 도시맥락은 도시를 읽어내는 사람이 발견하고 복원한 맥락이라는 것. 둘째, '읽어낸다'는 말에서 알 수 있듯 [도시에 대한] '해석'을 바탕으로 한 접근이라는 점. 셋째, 결국 도시의 인상에 관한 기록이라는 것이다. 요컨대 바른손센터가 보여주는 몽타주는 ‘탈맥락화된 맥락’, ‘해석’, ‘도시의 인상’ 에 관한 문제를 제기한다.

이 세 가지 문제를 다음과 같이 정리할 수 있다. 이를테면 도시맥락을 활용한 몽타주적인 접근방식은 주변상황에 대한 자료수집[활동]이 필수적이고, 경험적인 성찰을 통해, 도시의 인상을 포착하고 그 의미를 읽어내고 분류해 내는 작업과 깊이 연관되어 있다는 사실이다. 그런데 도시의 특정한 인상을 포착하고 분류하는 [판단]작업은 이성과 추론만으로 이루어지는 것이 아니다. 바로 여기에 관찰자의 경험 문제가 끼어든다.

도시 몽타주로서의 건축, 이 개념 이면에 놓여있는 인식[틀]을 열거해 보면 다음과 같다. 하나, 건축은 도심지 내 ‘이미지화된 장소’로 작동할 수 있다는 사고를 드러낸다. 둘, 몽타주 이미지가 ‘편린들의 조합’ 이라는 점에서, 각각의 요소들은 대체가능한 성분, 그러니까 ‘~또는’이라는 문법구조를 갖는다. 셋, 그 구조는 일종의 배치—벤야민의 용어로 성좌constellation에 해당—로서 감각에만 의존하는 무작위가 아닌 해석과 독법讀法에 연관되어 있다. 넷, 그로써 건축과 도시의 관계는 [차갑게 주어지는] 탈인격적인 무엇이 아니라 ‘인격성’을 부여받게 된다는 점이다. 그리고 도시

공간에서 이러한 인격성을 강화하는 성분은 다름 아닌 '산책자'의 인식 차원이다. 산책자는 구체적인 공간-구조 안에서 다양한 공간 전략을 통해 삶을 영위해가는 사람들의 흔적을 추적할 수 있기 때문이다.[3)]

플라네르

이종호는 일상공간의 창발적 적용을 위한 방법으로 '목적 없는 산책'[4)]을 말한 바 있다. 산책을 통해 경험하고 새롭게 발생하는 다양한 가능성을 염두에 둔 것이다. 우리는 여기서 벤야민의 산책자flâneur를 즉각 떠올릴 수 있는데, 그에게 도시 산책은 덧없는 것으로 보이는 사물로부터 의미가 충만한 역사를 발견하는 과정이나 다름없다. 즉 벤야민의 산책자는 인상학physiognomie적 접근태도를 바탕으로 도시가 갖고 있는 현대성의 이중적 면모를 해석하고, 마침내 '새로움과 진보'의 신화가 갖고 있는 허상을 들추어내는 탐정이다. 이종호가 말하는 산책자도 이 같은 인식을 내포하고 있는지는 알 수 없다. 그럼에도 불구하고 도시를 배회하고 탐색하는 이 능동적 개인은 '길 잃음'을 긍정적 계기로 삼는다는 공통점을 갖고 있다. 요컨대

3) 이런 차원에서 볼 때, 이데올로기적으로 구성된 주체성을 전제하고, 주어진 규범을 중심으로 집합적 주체나 변화를 설명하는 방식이 갖고 있는 한계, 즉 공간-구조 안에 존재하는 다양한 모순과 그 모순 안에 잠재되어 있는 역사발전의 방향을 분석할 수 없다는 한계를 극복할 수 있는 가능성을 지니고 있다.

4) 한예종 도시연구소 기획, 『하이퍼폴리스-건축가 이종호의 공공연구 프로젝트』, 간향미디어랩, 2015, 86쪽

길을 잃는 '우연적 계기'를 도시가 '직조한 그물망'으로부터 벗어나는 지점으로 활용한다는 점에서 그렇다. 또 이 우연적 사건을 통해 체험Erlebnis하고 이 체험을 경험Erfahrung으로 양식화한다는 점도 유사하다. 이런 과정이야말로, 벤야민의 이야기꾼storyteller이 사건-텍스트의 저자로 참여해 하이퍼텍스트를 재생산하는 것처럼, 이종호가 말하는 '하이퍼폴리스'에서 개인이 공간을 체험하는 방식이 아닐까.

하이퍼폴리스

이종호는 '하이퍼폴리스'라는 개념적 전제를 통해 "아시아 대도시에서 계속되는 성질변화, 혼종적 성격, 급속한 팽창과 같은 특성들"[5]을 다루고자 했다는 설명을 하고 있긴 하지만, 이 개념이 무엇을 뜻하는지 선뜻 이해하기 어렵다. 하지만 분명한 것은 '변화', '혼종', '팽창'이란 표현을 통해 알 수 있듯, 하이퍼폴리스는 '고정적이고, 동질적이면서, 고착적인 것'과 정반대되는 특성을 내포하고 있다는 점이다. 이를 바탕으로 우리는 다음 몇 가지 사항을 유추할 수 있다. **하이퍼폴리스는 첫 번째, 추상적 근대 도시론과 성격을 달리할 뿐 아니라 그에 대해 비판적 입장을 취하고 있다는 것, 두 번째, 일반성과 보편성이라는 말로 포장된 도시의**

5) 한예종 도시연구소 기획, 『하이퍼폴리스-건축가 이종호의 공공연구 프로젝트』, 간향미디어랩, 2015, 48쪽

안정된 체계에 대한 관심보다 '변화가능성' 이나 '창발/생성' 과 같은 문제에 관심을 갖는다는 것, 그리고 세 번째, 관념적이고 추상적인 개념보다 구체적이고 독특한 현상에 더 집중한다는 점이다. 한발 더 나아가 도시 계획에 비유하면, 하이퍼폴리스는 한 번에 모든 것을 결정하고 제시하는 마스터플랜식 접근보다 과정을 중시하는 점진적 접근방식에 가깝다고 할 수 있다. 공간체험 역시 [단계적] 변화와 혼종, 우연과 창발, 생성과 독특성에 대한 경험을 중요하게 여긴다.[6)]하이퍼폴리스가 '창발의 도시'[7)]라는 명칭으로 불릴 수 있는 건 이런 특성들 때문이다.

그렇다면 이런 특성들은 어떤 의의를 갖는지 짚어볼 필요가 있다. 첫 번째, 관찰자의 경험이 도시해석에 중요한 인자가 된다는 점이다. 두 번째. 그로써 '개입[가능성]' 이라는 용어를 상정해 볼 수 있다. 이런 탐색은 '도시-건축Urban-Architecture' 의 관계, 그러니까 '도시 내에서 건축이 어떻게 자리할 것인가' 라는 물음과

---

6) "도시는 사람들의 삶을 담아내는 형식이며, 그 도시를 이해하는 데는 일정의 해석의 틀이 필요합니다. 그 해석의 틀은 직접 발로 찾아내고 논의를 일으키고 대안을 만들어보는 일련의 과정을 통해 얻어지는 것입니다." 이종호, 《건축문화》, 2000년 9월호, 161쪽

7) 하이퍼폴리스는 곧 "창발의 도시" 의 다른 이름이라는 가정 하에 서울이 보여주는 독특한 현상들을 수집하고 표현하여 자신의 과제를 구성해 나가는 것을 목표로 한다. ...(중략)...대상은 을지로를 중심으로 한 영역이다. 이 영역 속의 조직, 현상, 구축물, 산업들을 살펴보며 그것들 사이의 가시적, 비가시적 네트워크가 보여주는 '창발/생성' 의 현상들을 찾아내고 구체화하는 방법들을 찾아본다. (GSUA studio synopsis 중, 이종호, 2013.3) 『하이퍼폴리스-건축가 이종호의 공공연구 프로젝트』, 간향미디어랩, 2015, 152쪽 재인용.

직접적으로 연관되어 있다는 점에서 '도시에서의 건축적 개입', 즉 도시에서 '건축의 역할'을 제시하는 것과 무관치 않다. 세 번째, 결국 경험의 문제는 단순한 체험의 차원을 넘어 건축의 역할을 제안하는 '실천적 전략'으로 이어질 수 있다는 말이다. 이종호는 장소의 생성[8]을 여섯 가지로 나눠 말한 바 있는데, 그 중 "장소의 현상학을 통한 삶에 대한 충동"과 "장소를 포획하려는 힘에 대한 탈주"는 이번 논의와 관련해 주목할 만하다.

여기서 재차 물어야 할 것이 있다. 즉 이와 같은 실천적 전략이 목표로 하는 '건축의 역할'은 도대체 무엇인가 하는 것이다. 앞서 언급했듯, 도시를 이해하고, 건축-도시의 관계 설정을 통해 건축의 적극적 개입을 말하긴 했지만 '역할 정립'은 분명치 않다는 사실 때문이다. 요컨대 "도시경험, 실천적 전략으로서의 개입은 무엇을 목적으로 하는가"라는 물음을 마주했을 때,

---

8) 이종호, '장소의 생성', 《건축과 환경》(C3 Korea) 2004년 10월호, No. 242, 37쪽 (1)현상학적 장소와 사회적 장소 사이에서 줄타기, (2)하지만 균형은 태도에 그치기 쉬우며 작업을 보장하지 않는다. (3)작업은 극단적인 넘나들기에 대한 자신감과 유연함이 요구된다. (4)그 폭넓은 진동의 잠재력이 작업을 앞으로 나아가게 만든다. (5)장소의 현상학을 통해 그곳에서 벌어질 삶을 충동시킬 수 있다. (6)동시에 장소를 포획하려는 힘에 대한 탈주의 돌파구를 마련할 수 있다.

9) "공공영역이란 각 영역들 사이의 연계적이며 포괄적인 계획과 실행에 매우 중요한 일이다. 특히 뒤늦은 근대화과정에 의해 도시 공간 내에 커다란 차이, 균열, 모순을 내재한 아시아의 하이퍼폴리스에서는 더욱 그러하다. 서울 도시 공공영역의 과제 역시 공공영역을 발굴하고 연계함으로써 차이를 누그러뜨리고 균열을 메우며 모순을 봉합하는 동시에 각 공공영역의 합보다 더 큰 힘을 만들어내도록 해야 한다." 이종호 외, 『을지로2. 을지로를 말하는 17가지 도시 건축적 시도들』, 우리북, 2013, 22쪽

'하이퍼폴리스'라는 개념적 전제는 여전히 모호한 상태로 남아 있다는 말이다. 다만 2013년 을지로 연구책자의 소개 글[9]을 볼 때, '공공영역으로서의 건축' 즉 건축의 공적인 역할을 강조함으로써, 도심지 내에서 '공공영역'과 건축을 분리시켜왔던 사고방식을 전환하고 '공공역역'을 새롭게 개념화하는 데 있지 않을까 짐작할 수 있을 뿐이다.

공간적 실천

지금까지 언급한 이종호의 도시-건축의 관계에 대한 사고와 공간경험의 실천적 전략은 상당부분 르페브르의 공간개념을 상기시키는데, 특히 경험의 실천전략과 관련해 언급할 가치가 있다. 르페브르는 "공간의 재현, 재현의 공간, 공간적 실천"을 공간의 세 가지 계기로 제시했다. 우선 공간의 재현representation of space은 고안된 공간으로 "학자들이나 계획 수립자들, 도시계획가들, 공간을 '구획 짓고' '배열하는' 기술 관료들, 체험된 것과 지각된 것을 인지된 것과 동일시"하는 전문가들의 추상화된 공간을 의미한다. 근대사회를 지배하는 것이 이러한 추상공간이다. 두 번째, 재현의 공간representational space은 주체에 의해 체험된 공간lived space으로 몸의 구체적 경험을 통해 공간의 재현으로부터, 즉 추상공간으로부터 벗어나는 저항적 실천과 연관되어 있다. 세 번째, 공간적 실천spatial practice은 "공간을 지배하면서, 또

전유하면서, 느리지만 확실하게 공간을 생산"하는 것과 관련되어 있다. 시대마다 독특한 공간이 만들어지는 이유는 실천방식이 각기 다르기 때문인데, 공간적 실천은 공간의 재현으로도 재현의 공간으로도 드러날 수 있다. 이 세 가지 계기는 변증법적 관계[10)]에 놓여있다.

오늘날 대부분의 도시가 그렇듯, 추상공간의 지배적인 양상은 인간소외와 같은 다양한 사회문제를 야기시킨다는 비판에 직면해 있다. 따라서 이를 해결하기 위한 '대안 공간'에 대한 사회적 관심이 갈수록 커지고 있는데, 도시 분야에서 '인간 행위'에 대한 연구가 확대되고 있는 추세는 이를 반영한 결과라 할 수 있다. 더구나 이와 같은 행위 연구는 르페브르의 공간적 계기들 중 '재현의 공간' 실천과 아주 유사한 면이 있다. 앞서 잠깐 언급했듯, 공간의 재현이 제시하는 순수하고 평면적이며, 균일한 추상공간은 행위주체들에 의해 노동과 놀이로 체험되며, 이 체험은 '모순과 갈등'을 내포하고 있는 까닭에 저항을 내포하고 있는 것이기도 하다. 따라서 재현의 공간은 '공간을 성찰대상으로 바라보게' 하는 계기를 품고 있다고 할 수 있다. 공간적 실천이 일종의 개입행위로서 저항의

10) 공간의 재현, 재현의 공간, 공간적 실천 사이의 관계를 변증법적이라고 하는 이유는 대개 '공간의 재현'이 우세하지만 '공간적 실천'을 통해 '재현의 공간'을 구현해 낼 수 있는 저항이 잠재적으로 마련되어 있다는 점에서 그렇다.

의미를 내포한다고 할 수 있는 이유는 이 때문이다.[11)]

공간적 실천이라는 개념에서도 알 수 있듯, 르페브르의 공간개념이 내세우는 핵심은 '공간은 생산물' 이라는 것과 그 생산물이 '관계의 집합' 이라는 것이다.[12)] 요컨대 공간은 텅 비어 있는 것[13)]이 아닌 '관계를 생산하는 곳' 이자 관계의 집합이고, 공간의 생산물로서의 '관계' 는 소비되어 사라지는 것이 아니라 재생산되고, 공간은 그러한 [관계]생산에 개입한다는 말이다. 다시 말해 공간은 인간의 행위, 관계, 상호작용의 산물인 동시에 그런 행위와 작용에 다시 영향을 끼친다.

이번 논의와 관련해 주목해야 할 부분은 공간과 인간 행위의 '지속적 상호작용' 이다. 이것은 바꿔 말해

---

11) 하지만 저항의 공간적 실천이 늘 성공적인 것은 아니다. 체험된 것(재현의 공간)보다 인지된 것(공간의 재현)을 우월하게 생각하는 지배이데올로기를 극복하지 못한 채 또다시 추상적이고 평면적인 공간으로 되돌아가고자 하는 경향도 없잖아 있기 때문이다.

12) 르페브르의 이론을 받아들여 이를 더 적극적으로 해명한 소자Edward W. Soja의 글은 이를 더 명확하게 보여준다. "인간은 사회적 존재이자 동시에 공간적 존재이며, 공간적 현상들은 사회적 과정에 의해 구성되지만, 이에 따른 공간적 현상들은 다시 사회적 과정을 재구성하게 된다." Edward W. Soja, 1996, *Third space: Journeys to Los Angeles and Other Real-and-Imagined Places*, Oxford: Blackwell, pp. 25-82, pp. 98-99. 참조.

13) 바우만Zygmunt Bauman은 액체근대Liquid Modernity에서 '텅 빈 공간' 이란 인식은 "[공간이] 어떤 의미도 전달하지 않고, 전달할 여지가 없다고 믿는" 데서 비롯된다고 주장하면서, "텅 비어 있다고 해서 의미 없는 것이 아니다" 고 역설한다. (지그문트 바우만, 『액체근대』, 이일수 옮김, 강, 2010, 168쪽 참조) 바우만의 주장에 따르면, '의미를 차단하는 공간' 이야말로 '텅 빈 공간' 이라 할 수 있을 텐데, 이번 논의와 관련해 한 가지 생각을 덧붙이자면, 모든 것을 수량화하고 의미와 질적 차이를 고려하지 않는 추상공간이 그와 같은 성격을 지니고 있다고 봐도 그리 틀린 말은 아닐 것이다. 관계를 생산하는 것 역시 의미를 생성시키는 중요한 방식이라는 것을 감안하면 더욱 그렇다.

공간의 체험과 경험, 공간해석과 재해석에 관한 문제라 할 수 있다. 일각에서 주장하듯, 몸으로 도시를 체험하는 것만이 관찰자가 세계를 이해하는 유일한 계기라고 할 수 없다. 하지만, 도시의 산책자가 산책을 통해 이해의 세계[혹은 세계이해]를 구축하고 확장한다는 것은 분명한 사실이다. 산책자는 도시의 이미지를 체험적으로 수집하며, 이를 끊임없이 변증법적으로 독해하는 행위를 멈추지 않는 자이기 때문이다. 산책자의 이 같은 행위는 창발[14)]을 가능케 하는 계기일 뿐 아니라 소위 '도시 인상학'이라는 범주에서 도시를 이해할 수 있도록 하는 바탕이라 할 수 있다.

도시 인상학

앞서 잠깐 언급했듯, 이런 행위가 갖는 첫 번째 특징은 구체적 공간을 대상으로 한다는 점에서 유물론적 접근을 선호한다는 점이다. 이것이 갖는 강점은, 과거이든 현재이든 상관없이, 인식 대상을 계속해서 현실 문제로 소환한다—현실화Vergegenwartigung—는 데 있다. 게다가 이런 태도는 현재를, 그러니까 '지금—여기'를 단순히 '진보라는 기관차의 대합실'로 치부하도록 내버려

---

14) 카스티John. L. Casti는 창발을 "개개의 구성원이 가지고 있지 않지만, 상호작용을 통해 나타나는 것으로 결코 예상하지도 못한 동작이 창조적으로 발현되는 것"이라 설명한다. John L. Casti, *Would-Be Worlds*, New York, NY: John Wiley and Sons 1997. ch. 3 참조. '찰나'에서 찾아오는 것이란 의미가 강하게 내포되어 있다.

둔다는 이유로 진화나 역사 개념을 동시에 비판했던 벤야민의 입장과도 공명하는 측면이 있다. 그로써 "진보가 아니라 현재화aktualisierung[가 삶의 주된 관심사여야 한다]"라는 주장과 맞닿아 있다. 요컨대 현실화와 현재화는 지금-여기에 대한 비판의식과 실현가능한 구체적 대안을 모색한다는 차원에서 실효성을 지향하는 성향이 강하다. 도시 인상학의 두 번째 특징은 도시 분석과 서술 방식에서 드러나듯, 시각적 경험을 전면에 배치한다는 점이다. 바른손센터는, 도시구조와 가로의 경험을 공간배치의 주된 문법으로 사용하지만, 시각적 특성이 가장 우세하게 드러나는 건물이다. 세 번째 특징은 '시각적 인상'이라는 말에서 짐작할 수 있듯, 미시적인 것(각각의 지배소)으로부터 도시 전체를 관찰하려는 태도와 맞물려 있는 까닭에 건축물을 소우주인 도시의 모나드로 해석하려는 경향이 짙다는 점이다. 도시 인상학은 이와 같이 현실화와 현재화, 지배적 시각성, 도시 모나드로서의 건축을 상정하는데, 이를 지각주체와 지각대상 간에 발생하는 '관계의 문제'로 볼 때, 단순한 공간인식과 조직에 관한 담론을 넘어 현대성이 관철되고 있는 사회에 대한 건축가의 해석으로 확장할 수 있을 것이다.

이화정동빌딩

몽타주와 같은 독법은 기존의 인식 틀과 다르다. 건축가는 도시를 이성과 추론만으로 읽는 것이 아니라 체험을 기억해내고 성찰한다. 이제 도시는 형태의 차원에서 정념의 차원으로 옮아가는 것이다. 자신의 건축이 도시를 닮기를 바란다고 했을 때, 형태를 끌어안을 것인지, 정념을 끌어안을 것인지 판단해야 할 기로에 서게 된다. 설령 두 가지 계기를 묶을 수 있는 대안이 있더라도 마찬가지다. 급격히 변해가는 현대 도시의 속성을 감안하면, 형태를 기준으로 하는 맥락은 특정 시점에만 유효하다. 시한부의 맥락, 그 자체로 나름의 의미를 가질 수는 있다. 그럼에도 언젠가 골동품의 그것이 되어버릴 형태적 맥락에만 집중하는 것이 능사는 아닐 것이다. 흔히 도시는 시간이 축적된 장소라고 말한다. 그런 까닭에 우리는 도시를 읽을 때, '탐사'라는 고고학적 용어를 별 거부감 없이 빌려 쓰기도 한다. 이런 행태는 도시를 읽고 이해하는 방식이 형태적 접근에 치우쳐 있다는 사실에 대해서는 침묵한다. 대개 파토스라는 말로 이해하는 '정념'의 맥락이 있는데도 말이다. 그런 점에서 이화정동빌딩은 형태적 맥락을 뒤로하고 정념을 포착하려 했다는 점에서 기존의 접근방식과 확연히 다르다. 누군가는 이 건물을 단순히 '벽돌'이라는 건축재료의 물성만을 차용한 것이라고 평가절하 할 수 있다. 또 메트로폴리스 서울에서 정동이 갖는 독특한 분위기를 감안할 때, '맥락'이라는 용어를 지나치게 포괄적으로 적용하는 일은 새삼스러운 일도 아니라는 식으로 말할 수 있다. 그럼에도 바른손센터와 비교할 때, 이화정동빌딩이 갖는 가장 독특한 성분은 정념을 맥락의 차원에 끌어들였다는 점이다. 이는 더 나아가 도시가 단순히 탈인격적인 과정으로 볼 수 없다는 강력한 함의를 지니고 있다.

파토스 혹은 정념

이곳의 경험을 지배하는 것은 무엇일까? 어쩌면 이종호는 바른손센터의 부지에 섰을 때와 똑같은 질문을 정동에서 되풀이했을지도 모른다. 주지하다시피 강남의 격자와 영등포의 자연 순응체계가 부딪히는 '변곡점'(방배동)에 섰을 때 받았던 느낌과 일대가 덕수궁(옛 경운궁)을 비롯해 근대 열강들의 외교시설, 교육시설들로 채워진 정동일대에서 받았던 느낌은 확연히 다를 수밖에 없다. 그럼에도 불구하고 이 같은 질문이 유효한 것은 단순히 시각적 차원에 대한 물음으로 그치지 않는다는 데 있다. 말하자면 건축의 한계를 극복하는 방안으로 "현재의 도시 상황이 만들어내는 사건들의 실재성을 이해하고 해석하는데"[15] 관심을 갖는다는 점에서 그러하다. 흥미로운 것은 질문의 바탕은 동일하다고 할 수 있지만 그에 대한 해답(?)은 확연히 다르다는 점이다. 앞서 언급했듯, 바른손센터는 도시의 맥락을 추상화하고 이를 시각적 차원으로 수용했다는 점에서 시각성이 우세하게 드러나는 반면, 이화정동빌딩은 정동일대에서 느낄 수 있는 가장 강력한 [공통]경험으로, 공통적인 공간구조나 형태 어휘와 같은 시각성이 아닌, 건축 재료(벽돌)의 물성을 내세웠다는 점을 들 수 있다. 이 두 가지 차이는 미묘한 떨림을 준다. 요컨대 전자의 경우 시각성을 여전히 우월한 기제로 삼는 반면, 후자의 경우 시각성은 후퇴하고 물성을 통한 파토스를 드러낸다는 데 차이점이 있다. 혹자는 벽돌 역시 시각성을 띠고 있는 게 아니냐는 반론을 제기할 수 있을 것이다. 하지만 건축은 어떠한 경우에도 지각 대상이라는 숙명을 벗어날 수 없다는 점을 고려할 때, 물성으로의 후퇴(?)는 우리가 흔히 '시각성'이라 일컫는 차원을 최소화한 수준으로 끌어내린 것이라 할 수 있다. 그렇다면 시각성을 최소화함으로써 얻고자 한 것은 무엇일까? 이 물음은 아마도 지배적인 경험이 무엇이냐는 질문에 대한 나름의 해답과 연관되어 있을지도 모른다.

15) 서울건축학교 초기 교육체계를 만드는 데 결정적인 역할을 했던 김종규는 서울건축학교의 첫 번째 출판물 『SAI』에서 "건축에서 형태를 만드는 작업은 더 이상 의미가 없다"라고 진단하는데 이러한 건축의 한계를 극복하는 방안으로서 "현재의 도시 상황이 만들어내는 사건들의 실재성을 이해하고 해석하는데" 목표를 둘 것을 선언하였다. 김종규, 「스튜디오 1」『SAI』, 미건사, 1995, 12-13쪽/ 『하이퍼폴리스-건축가 이종호의 공공연구 프로젝트』, 간향미디어랩, 2015, 41쪽 재인용. 이종호 역시 이 같은 태도를 견지했다고 볼 수 있다.

정동[지구]의 경험을 지배하는 것은 무엇일까? 여기에 대한 응답으로, 이종호는 벽돌을 지목했다. 경험의 초점을 형태나 스타일, 공간구성이 아니라 건축 재료의 물성에 두었다는 것은 특기할 만한 부분이다. 이러한 접근방식을 정념情念 혹은 파토스라는 용어로 치환하는 것이 무리일까? 단순히 '감정'이라는 말로 표현하기에도 부족한 맛이 있다. 이런저런 논란의 여지가 있음에도 불구하고 '붉은 벽돌'이 정동의 분위기를 대표하고 관찰자에게 특정 감정을 불러일으키는 핵심요소라는 점은 부인할 수 없는 사실이다. 더구나 정념에 대한 고대 그리스적 개념이 내포하는 자기상실aliénation의 상태까지는 아니라 하더라도, 이 개념은 정동일대의 독특한 분위기를 설명하는 데 꽤 유용한 도구다.

정념이란 용어를 거론함으로써, 우리는 정동[지역]을 해석하는 방식에 대해 몇 가지 더 추론해 볼 수 있다. 우선 '붉은 벽돌'이 특정 감정을 불러일으키게 한다는 점과 유사하게, 정념은 주체의 입장에서 볼 때 '수동적 감정'[16] 수용과 연관되어 있다는 사실을 언급할 필요가

---

16) 우리가 '정념' 으로 옮기는 영어와 불어의 passion의 그리스어 어원은 파토스 παθος이다. 파토스는 그 어원을 파스코 πασχω에 두고 있고, 파스코의 동사 파스케인 πασχηιν은 '당하다, 견디다, 참아내다, 감수하다, 무엇인가에 의해 지탱되다' 등의 수동적인 의미를 지니고 있다. 따라서 파토스 역시 '수동적인 상태' 를 의미하는데, 파토스의 수동적 상태는 자기에게 미치는 어떤 작용에 대해 주체가 감내하는 단순한 상태 뿐 아니라 주체가 겪는 우발적인 사고, 불행, 사랑과 증오와 같은 감정도 포함한다.

있다. 이러한 수동적 수용을 따로 언급할 수밖에 없는 이유는 주체의 자발성이나 독립성을 강조하기보다 주변을 둘러싼 분위기에 대한 순응태도와 밀접하게 관련되기 때문이다. 두 번째, 그로써 이러한 감정은 '감각적 결속'을 통해 '관계맺음 혹은 함께 있음'을 다시 사유하도록 하기 때문이다. 그리고 세 번째, 이성적 작용이 지배하는 도시에서, 대체로 '억압되고 다스려야할 것'으로 간주되어왔던 '감정'이 도시형성과 해석을 위한 대안으로 새로운 가능성을 열어 보이기 때문이다. 요컨대 특정한 도시 '분위기'는 재료와 물성의 통일, 그러니까 '감각적 결속'을 통해 구현될 수 있고, 더 나아가 '관계맺음–함께 있음'이라는 감정의 영역까지 확대시킴으로써 '이성의 작동' 영역으로만 간주되어 온 도시 문제를 새롭게 바라 볼 수 있도록 하는 계기를 마련한다는 것이다.[17]

이러한 접근방식이 설득력을 얻는 이유는 무엇일까. 오늘날 우리가 처해 있는 상황에서 비롯되는 몇 가지 문제의식과 관련되어 있기 때문이다. 첫 번째, 과거 실존적 장소에 대한 논의와 유사하게, 급변해 가는

---

17) 문화재보호구역, 경관보존지구 등에서 이와 비슷한 해법과 아이디어를 얻을 수 있을 테지만, 자본의 추동이 어느 때보다 극심한 도시환경에서 이를 실현해 내기란 결코 쉬운 일이 아니다. 푸리에Charles Fourier의 경우, 산업문명이 가지는 폐해를 극복할 수 있는 가능성으로 정념passion개념을 택했다는 역사적 사실은 이런 관점에서 충분히 검토해 볼만하다.

사회에 대한 당혹감이다. 두 번째, 논리적이지 않는 영역에 의해 인간의 의식이 지배받고 있다는 사실을 받아들일 수밖에 없다는 것이고, 세 번째, 기술[적 활동]을 통해 인간의 정념을 해방시키려고 했지만, 오히려 그 정념이 기술에 종속되고 말았다는 사실을 인식했기 때문이다. 네 번째, 회상과 기억해내기Erinnerung라는 종합적 기억Gedächtnis의 산물과 연관되기 때문이다.

이종호의 마지막 시기, 그가 도시에 관련한 벤야민의 사유에 커다란 관심을 갖고 있었다는 여러 증언에도 불구하고, 그 관심의 계기가 어디에서 비롯된 것인지 명확하게 밝혀진 바 없다. 벤야민의 사유를 도시해석에 적극 활용하고자 하는 의도를 갖고 있었을 것이라는 짐작은 할 수 있지만, 그의 건축에 어떤 식으로 적용하려 했는지 짐작할 만한 구체적 단서를 찾기가 쉽지 않기 때문이다. 다만 자신이 수행했던 수많은 프로젝트를 좀 더 뚜렷하게 포착하고 설명할 수 있는 이론적 바탕을 벤야민의 사유에서 어렴풋하게나마 발견했던 것은 아닐까 짐작해 볼 수 있을 뿐이다.[18] 그럼에도 불구하고, 《을지로 프로젝트》 등에서 확인할 수 있듯, "현실의 날 것, 지극히 물질적인 것, 미시적인

---

18) 이번 논의를 통해 벤야민의 개념이 그의 프로젝트를 설명하는 꽤 유용한 도구라는 사실을 확인할 수 있었다. 논의의 출발점은 그가 벤야민에 대해 깊은 관심을 갖고 있었다는 사실에서 실마리를 얻었다.

것들"에 대한 그의 관심은, 벤야민의 그것처럼, 개별적 이면서도 역사적인 의미를 밝히는 데 있지 않았다는 것은 분명해 보인다. 오히려 현대도시의 신화 즉 끝없이 변화해가는 '덧없는 것의 무상성'을 막 떨쳐내고 파토스의 차원에 집중하려는 문지방에 서 있었던 것은 아닐까 싶다. 이화정동빌딩의 10층까지 이르는 적벽돌, 정확히는 현대식 건식공법으로 지지된 외장벽돌 마감을 통해 그가 구현하고자 했던 것은 최신식 기술이 아니라 근대 이후 정동이 쌓아온 '물질화된 파토스'였기 때문이다. 그가 교육자로서, 공적 공간의 기획자로서 긴 시간을 할애했던 도시 인상학의 종착점은 형태적 원형이나 스타일이 아니라 '분위기'였다고 할 수 있다. 실존에 대한 위협이 공간에 대한 집착을 키웠다면 세밀한 유물론적 관찰을 통해 그는 시간을 관통하는 '분위기'에서 자신의 길을 찾았는지 모를 일이다.

나가며_아무도 비판 이후를 말하지 않는다

이종호는 어느 글에서 "과도한 자본, 개인과 제도의 욕망 등으로부터 '공공의 감각'과 '희망의 공간'을 어떻게 유지시켜 나갈 것인가?"[19]에 대해 줄곧 고민해

---

19) 이종호, '장소의 생성', 《건축과 환경》(C3 Korea) 2004년 10월호, No.242, 37쪽

왔다고 밝힌 바 있다. 오늘날 욕망, 이윤, 자본과 같은 문제가 우리의 일상 깊숙이 침투해 있는 상황을 고려하면, 이 같은 바람이 얼마나 실효성을 거둘 수 있을지, 더 나아가 적절한 대안을 마련할 수 있을지조차 의문을 가질 수밖에 없게 된다. 최근에 만난 어느 건축가는 '자본에 저항하는 것은 허망한 짓'이라고 강변했다. 그만큼 자본과 연동된 문제들은 점점 더 극복하기 힘든 상황으로 내몰리고 있다는 것을 방증하는 것일 게다. 르페브르의 통찰을 통해서 확인할 수 있듯, 자본의 공간 전략은 공간을 평면화 하고 교환 가능한 조각들로 만드는 것이다. 공간이 가지는 의미를 거세하고 단순한 생산물로 만들어 버리는 것 말이다. 추상공간이 가지는 폭력성은 인간의 삶조차 그와 같은 틀로 재단해 버린다는 데 있다. 그 과정에서 인간의 존엄과 삶의 가치에 직결되는 '차이와 다양성'을 억압하고, 때로는 역사적 발생의 기원마저 파괴해 버리는 폭력을 서슴지 않는다. 이종호가 건축가로서, 교육자로서, 도시계획가로서 걸어온 행보는 '이 같은 상황을 어떻게 타개할 것인가' 하는 질문에 맞춰져 있다. 그는 일방적 가치판단과 폭력적 실행에 의문을 제기하는 것에서부터 그 가능성을 열었다. 인문학에 대한 그의 관심은 오롯이 신자유주의 자본축적과정에서 파생되는 부작용에 대한 비판적 입장과 더 나아가 인간적인 것을 추구하고 향유할 수 있는 삶의 공간에 대한 고민과 연관되어 있다고 할 수 있다.

"[아무리] 기억과 가치의 소중함을 말해도 현장에서 벌어지고 있는 일들에 대해서는 무기력할 뿐이다. 아무도 비판 이후를 말하지 않는다."[20] **그의 말이 뼈아프게 다가온다.**

20) 「서울 을지로 서문 중」(2012), 『하이퍼폴리스-건축가 이종호의 공공연구 프로젝트』, 간향미디어랩, 2015, 153쪽 재인용.

사진
바른손센터
Photography
Barunson Center

김재경
건축사진가
《와이드AR》 사진총괄 공동편집인

임대

NG YANG
gallery

AB&I 종합금

All about online™
Media4th
216

All about online
Media4th

사진
이화정동빌딩
Photography
Ewha Jeong-dong Building

김재경
건축사진가
《와이드AR》 사진총괄 공동편집인

2F
1F

소화전

두 건물 이야기
Two Buildings' Storytelling

메타건축

이야기 1. 발주자의 프로젝트 의뢰

바른손센터

춘천 출신의 기업인 문구회사 ㈜바른손(이하, 바른손)이 춘천인형극제를 후원하던 1988년의 일이다. 이 행사는 춘천시 전역에 걸친 거리축제로 시작하였는데 우리 회사는 이 행사를 위한 기획과 공간조성에 관여하면서 바른손을 알게 되었고 이후 크고 작은 일들을 수행하면서 바른손의 큰 꿈인 사옥 설립에 참여하게 되었다. 바른손은 사세가 확장되는 중흥기의 초반이었고 창의적이고 실험적인 회사의 성향으로 당시 신진건축가인 이종호에게 설계의 기회가 주어진다.

이화정동빌딩

2002년 공모전을 통한 이화여고 100주년 기념관의 설계로 시작한 이화여고와의 인연으로 2013년에 있었던 애초 이화정동빌딩 공모전에 참여를 요청받았다. 이화여고에서는 몇 팀을 대상으로 하는 지명공모의 형식으로 시작하였으나 교육청과의 협의과정에서 일반 공모로 전환되었고, 결국 많은 회사가 참여하여 아이디어 공모와 본 공모의 과정에 이르는 3차에 걸친 심사를 통해 당선되었다.

이야기 2. 대지구입 및 건축기금 조성

바른손센터

충무로의 임대 빌딩에 자리잡고 있던 바른손은 내부 전담팀에서 서울 전역을 대상으로 부지선정을 검토하였다. 물류창고는 별도로 있었고 사옥의 주용도는 일반관리직과 디자이너들을 위한 공간이었기에 위치는 그리 중요하지 않았다. 검토 결과 방배동의 동작대로변에 위치한 일반주거지역 대지를 구입하여 사옥의 입지로 선정하였다. 장기적 관점에서 사옥건립을 추진한 바른손은 장기간에 걸쳐 공사비를 준비하였고 자체자금으로 충당하였다.

이화정동빌딩

이화여고는 오래 전부터 기숙사 건립을 위하여 학교 맞은편에 위치한 이 부지를 구입하여 주차장으로 활용하였고 수년 전 기숙사를 교내에 건립하면서 이곳에는 임대수익을 위한 업무용 빌딩을 건립하는 것으로 방향을 바꾸었다. 이러한 계획으로 총동창회를 중심으로 기금을 마련하기 시작하였고 공사비는 수년에 걸쳐 재단의 기금으로 확보하였다.

이야기 3. 작업 전개 과정

바른손센터

사옥의 이미지에 내일을 위한 새로움을 표현하기 위하여 금속과 유리를 주재료로 정하고 건축구조에 철골을 사용하며 구조적 특성이 외관에 표현되도록 구축하였다. 그러나 시공사 선정과 관련하여 공사비 절감을 위하여 철근콘크리트구조로 변경하는 일이 벌어졌고 기본설계의 큰 틀을 유지하자는 의견에 따라 장식적인 요소로 외부에 철골을 사용하게 되었다. 이는 건축구법의 균형감에 영향을 크게 끼친 요인이 되었다.

이화정동빌딩

공모전 제출안에 의하면 이 시설은 대부분 업무시설과 재단의 사용시설로 제안하였다. 그러나 당선 이후 재단에서는 임대를 대상으로 하는 근린생활시설의 확충을 요구하였고 이를 반영하여 정동길을 대하는 태도와 공간구성에 큰 변화가 있었다. 이 최종안은 이종호의 사후에 벌어진 일로 메타의 스태프들이 많은 노력을 기울였으나 계획의 완성도에 다소 아쉬움이 남는다.

공모전의 상위작을 대상으로 하는 제안 발표에서 우리 회사의 내부사정을 알고 있는 누군가의 이의제기로 메타의 행정적 구성원이 아니었던 이종호 교수(이하, 이종호)가 직접 발표를 하지 못하는 상황에 처한 바 있다. 그리고 그 이후에도 재단에서는 이종호와의 직접적 접촉을 제한하였는데 이는 이종호 사후에 재단과의 작업이 큰 무리수 없이 진행될 수 있게 된 엉뚱한 계기가 되기도 하였다.

이야기 4. 인허가 과정

바른손센터

착공 당시, 정부의 주택 200만호 건설 공약과 건축자재 품귀로 인하여 서울시에서 5층 초과 시설에 대한 허가제한이 있는 바람에 5층 규모의 건물로 허가를 받아 지하공사부터 시작하였고 허가제한이 풀린 뒤 완성안의 허가를 다시 받는 과정이 있었다. 이를 위하여 지하공간의 완성도 있는 계획과 지상의 엉성한 계획이 합쳐진 희한한 허가안의 상태가 병존하던 시기를 거쳤다.

이화정동빌딩
공모전 당시 이 지역에서는 업무시설의 규모를 3,000㎡로 제한한다는 사실을 인지하지 못한 채 시설의 대부분을 업무시설로 계획한 우리는 허가권자와의 협의를 거쳐 기본계획을 수정하게 되었다. 하지만 공간 구성의 주요한 개념은 유지하였고 결과적으로 임대시설로서는 공공의 유입이 그리 편치 않은 계획으로 완성되었다.

이야기 5. 설계실 내부의 분위기

바른손센터
사무실의 연혁과 규모에 비해 바른손센터는 일정 규모 이상의 프로젝트였기에 사무실의 모든 스태프들은 매우 즐거운 마음으로 작업에 임하였다. 경제적 개념이 다소 흐릿하였던 당시 사무소의 작업 태도로 말미암아 설계비와 상관없이 꽤 오랜 시간을 투자하며 밀도 높은 논의를 하였다. 그리고 바른손의 상황도 급하게 지을 이유가 없었기에 약 2년이라는 짧지 않은 기간 동안 설계를 진행하였다.

이화정동빌딩
이종호의 사후에 벌어진 본격적인 설계의 과정에서 크고 작은 결정에 직면할 때마다 메타의 스태프들은 한 가지 원칙을 세웠다. '만일 이종호라면 어떻게 했을까?' 이 원칙은 결정의 전 과정에 적용되었고 작업에 참여한 모든 스태프들은 마음으로 이종호와 함께 할 수 있었다. 작업은 이종호와 보낸 시간이 비교적 긴 구성원을 중심으로 조직되었고 시작에서 마무리까지 큰 어려움은 없었다.

이야기 6. 시공자 결정과정

바른손센터
몇몇의 시공사에 의뢰를 통한 견적입찰로 시공사를 선정하여 공사를 시작하였지만 그로부터 1년이 지난 후 시공사는 내부사정으로 도산하게 되었다. 꽤나 당혹스런 일이었지만 바른손과의 많은 논의를 거쳐 남은 공정을 우리와 함께 직영공사로 작업하기로 결정하였다. 이는 메타를 신뢰하는 발주자의 믿음이 바탕이 되었고, 우리는 설계자와 감리자의 입장에서 발주자의 입장으로 전환하여 공사를 마무리 하였다. 이는 공사의 완성도를 높일 수 있었던 요인이 되었다.

이화정동빌딩
메타에서 만든 설계자 내역을 바탕으로 공사비의 기준가를 정하였고 이를 초과하는 참여자 중 최저가를 선정하기로 하는 원칙으로 공개입찰을 하였다. 시공회사 선정 후 시공사의 신인도에 의문을 품는 분들도 더러 있었지만 성실한 자세로 공사에 임하는 시공사의 노력으로 불미스러운 사고 없이 원만하게 마무리 하였다. 재단에서는 경험적으로 벌어지는 공사비 증가에 대한 우려가 있었고 설계변경의 과정도 있었으나 우리의 적극적 개입과 시공사의 노력으로 증액을 최소화 하였다.

이야기 7. 현장 감리 그리고 After

바른손센터
시설의 규모가 상주감리 대상이었고 공사의 전 기간 동안 메타의 직원이 상주하면서 모든 순간을 함께 하였다. 특히 공사의 후반기에는 발주자와 같은 입장에 서서 공사비와 일정을 같이 고민하며 모든 결정에 관여하였다. 다행히도 상호간의 신뢰가 있었기에 어려운 상황에서도 큰 무리 없이 마무리 할 수 있었고, 메타의 의견을 존중해 준 발주자에게 감사의 마음을 갖게 되었다. 이후 벌어진 바른손의 시설과 관련된 많은 작업에 메타는 늘 함께 하였다.

이화정동빌딩
이 시설 역시 상주감리 대상이었고 공사의 전 기간 동안 메타의 직원이 상주하면서 학교와 협력하였다. 학교재단은 건축의 전문가가 아닌 학교 출신의 한 분을 감독관으로 선임하였는데 다행히도 건축의 경험이 풍부하고 메타를 크게 신뢰하는 분이여서 모든 협의과정은 순조로웠고 시공사 또한 모든 과정을 학교의 입장에서 생각하였으며 좋은 공간을 만든다는 공통된 전제가 있었기에 작은 마찰도 없이 순조롭게 진행할 수 있었다. 시공을 맡았던 고덕종합건설과 감독관 윤석령 사무처장의 역할이 큰 힘이 되었다.

작업 노트
바른손센터
Report
Barunson Center

우의정
메타건축 대표

[개요]

설계명: 바른손센터

설계기간: 1991~

공사기간: 1991.7.~1994.8.

위치: 서울특별시 서초구 방배동 764-19

지역지구: 일반주거지역

주요용도: 업무시설

대지면적: 731㎡

건축면적: 351.54㎡

연면적: 4,312.39㎡

건폐율: 48.09%

용적률: 348.3%

규모: 지하 3층, 지상 10층

구조: 철근콘크리트조

최고높이: 39.9m

외부마감: 노출콘크리트, 알루미늄복합패널

내부마감: 테라코타(일부 노출콘크리트)

방배동에 있는 계획 부지에서의 첫 인상은 바른손센터의 대지가 강남이라는 격자 체계 질서와 영등포라는 자연순응체계가 만나는 도시의 커다란 변곡점에 위치해 있다는 것이었다. 가로축의 곡선을 응축시킨 커다란 벽과 뒤로부터 삐져나오는 격자 체계들로 구성된 전면 구성의 요소는 이러한 두 질서 체계로부터 근거하는 결합을 드러내 보이는 동시에 변곡점의 의미를 과장하는 몸짓이다. 한편으로 이 땅은 북한산으로부터 관악산으로 향하는 옛 서울 터잡기의 표상축에 슬쩍 기대어 있다. 옥상정원의 한 곳에서 프레임 안에 들어오는 관악산의 모습은 층마다 내어 달린 발코니에서도 경험할 수 있는 경관으로, 그러한 터잡기의 의미에 대응한다. 공사 중에 애를 먹였던 지하수의 문제도 한강으로 이르는 관악산의 수맥이 말해주듯 자연 체계에 역행했던 강남의 가로 및 필지 구성에 따른 홍역이라 여긴다. 현재의 가로 공간을 구성하는 가구상가들은 지금의 변화보다도 더 큰 폭으로 변화해 나갈 것이되, 10년 넘게 유지해온 내구성 소비재 상가의 성격을 변화시키지는 않을 것이다. 그런 가운데 이 장소와 건축물은 스스로의 영역을 공공에 폭넓게 환원시킨 채로 존재하여 그들 변화의 방향에 도시와 건축이 접하는 방법에 대한 제안적, 촉매적인 역할을 하게 될 것이다. 또한 스스로도 건물 프로그램상의 변화를 준비하고 있음으로써 보다 한 걸음 먼저 주변 변화에 적극 대응해 갈 수 있는 모습을 보일 것이다.

건축의 전략

바른손센터에서 공간의 '시작'은 아주 쉽게 알아차릴 수 있다. '뚫린 곳에서부터 시작'하므로, 안과 밖은 '보고', '보이는' 관계가 생성되고 거기서부터 정위의 문제가 수반된다. 도시와 만나는 대로변 공간의 시작은 정위상으로 보아 좌/우의 경우에는 중심을, 상/하의 경우에는 하부를, 전/후의 경우는 후면을 더 많이 열어서 차이를 만들어 내고 있다. 공간의 정위 문제에서 비롯되는 차이의 원인과 결과는 어떠한가?

도시 안에서 건축 공간의 시작은 도시 공간의 끝과 접속되는 부분에서 이루어진다. 바른손센터의 경우 대지 4면 중 대로변으로부터의 시작과 나머지 3면의 주변으로부터의 시작은 서로 다른 스케일에 대한 대응이라는 점에서 차이가 있다. 전자가 도시 스케일에 대한 대응이어야 한다면 후자는 블록 스케일에 대한 대응이 된다. 따라서 좌/우의 차이는 연속되는 대로변의 대응의 과제이며, 전/후의 차이는 대로와 대지 내부와의 접속의 과제라고 할 수 있고, 상/하의 차이는 도로로부터 눈높이와 시각의 거리에 대한 대응의 과제라 할 수 있다. 스케일로 보아 좌/우, 상/하의 차이가 전/후의 차이와는 달리 보다 도시 스케일의 과제라는 점에서 위계가 있다고 보아야 한다. 그런 점에서 좌/우, 상/하의 차이에서 전/후의 차이 순으로 문제를 들춰내야 옳다.

이들의 차이에서 비롯된 오픈 공간의 설득력은 다른 주변의 구성 요소와의 상관관계에서 정합적으로 명료하게 드러난다.

첫째, 좌/우의 차이에서 중심 부위를 오픈한 것은 그곳이 바로 도로의 변곡점으로서 입면의 연속/불연속의 변별의 효과가 가장 큰 곳이라는 점에서 출발한다.

둘째, 중심이 오픈되면서 좌/우, 전/후에는 대별하자면 3개의 소규모 매스 덩어리로 잘게 분화되어 개개의 매스는 독립성을 유지하는 윤곽을 갖게 되는데, 이는 대지를 둘러싼 나머지 세 면의 필

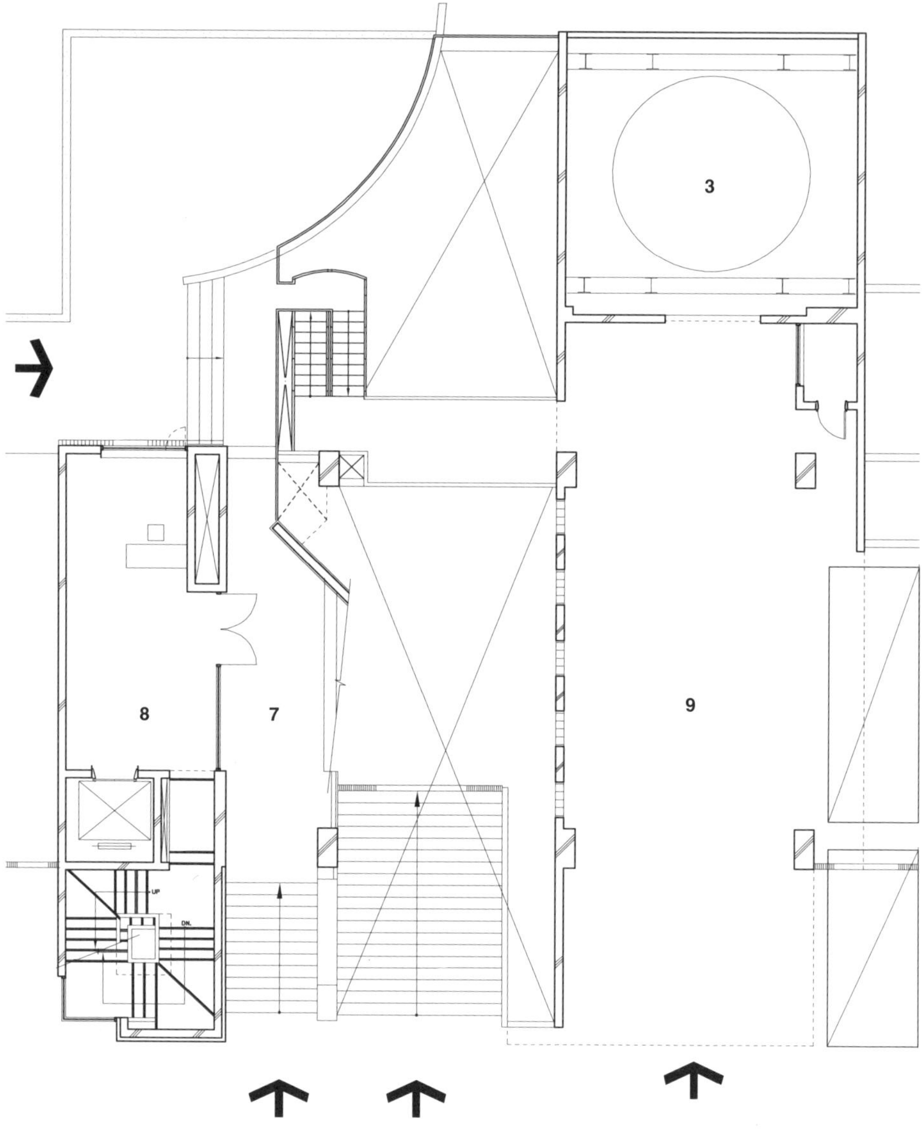

1. 다목적홀
2. 선큰가든
3. 주차타워
4. 프라자
5. 대중음식점
6. 펜시(소매점)
7. 로비
8. 홀
9. 주차통로
10. 소매점
11. 회의실
12. 사무실

지 상 1 층 평 면 도

0 1 3 6M

지 규모에 따른 건물의 규모와 유사하게 대응하려는 의도와 맞물려 있다.
셋째, 소규모 매스들 각각과 주변의 기존 매스 간의 사이 공간은 채워진 실체로서 파악된 것이며, 그 윤곽은 의도된 디자인이다. 네 입면이 모두 다른 것도 이와 무관하지 않다.
넷째, 이는 대지에 매스를 앉히면서 좌/우, 전/후로 커다랗게 3켜로 썰어낸 이유(9분할 평면)가 된다. 그 결과 3켜 중 좌/후의 켜는 서비스켜의 성격을 유지하고, 중심은 우측의 서비스 받는 공간켜를 연계, 접속하는 성격을 유지한다. 켜는 각층 평면 구성에서 공간의 성격 분화와 위계를 조정하는 기능을 하며, 이를 명료하게 하기 위해 주구조primary structure가 배열되어 있음을 알 수 있다.
다섯째, 대로변 입면이 매스의 한 부분으로서 종속된 면의 결과로 나타나지 않고 매스로부터 독립된 곡면들의 결합으로 나타난 것은 전/후의 스케일에 다른 방식으로 대응하고자 했던 것이지 유행하는 형태의 유희라고 볼 수 없다. 전면(도로 스케일)에서는 면으로서 대응해야 하고 후면(블록 스케일)으로 보아서는 소규모 볼륨으로 결합되어야 하는 모순을 극복하기 위해 선택된 형태 언어이다.
여섯째, 전면 파사드의 H빔과 남측면의 발코니가 첨가된 것은 단순히 장식적인 요소이거나 가능상의 이유에서라기보다는 소규모 매스가 도로 스케일에서 한 몸으로 읽혀져야 하는 이유이다.
일곱째, 도로변 3층 바닥 슬래브의 전면 켜를 프레임으로 노출시킨 것도 상/하의 미세한 뉘앙스 차이를 표현한 의도이다.

개방공간의 디자인 전략

지상 1층에서 중심 부위의 크기가 좌/우 켜보다 상대적으로 큰 것은 전/후/좌/우/상/하의 정위의 근거로 작용하기 위한 자기 완결적 요건이라고 볼 수 있다. 이를테면 중심 후면에 위치하는 지하층 부분의 인지도 확보는 바로 전체 정위의 관건 여부를 결정짓는 핵심이 되기 때문이다.
요컨대 오픈 공간의 가장 중요한 '쓸모'는 가장 '쓸모 없음'의 명료함 – 온몸으로 마개가 되어있는 구멍을 상상하라 – 에서 얻어졌다. 즉, 단순한 용도를 지니는 공간으로서보다는 전체의 인지도를 높이는 베이스 맵과 같은 의도에서 찾을 수 있다. 단면상으로도 오픈공간이 그 크기나 윤곽으로 보아 가장 예외적이어야 하는 이유가 거기에 있다. 평면적으로 오픈 공간은 대로에 수직으로 접합된 길로서 가장 공적 영역의 성격을 명료하게 지니게 된다.
오픈 공간은 각 부위별로 주변의 형태 요소와 미세한 대응의 변화를 보여준다. 그 대표적인 예 중의 하나가 2층 중앙에 45도로 틀어진 녹슨 벽의 위치와 크기와 방향의 선택에 의한 긴장된 짜임새의 문제라 할 수 있다. 오픈 공간을 주로 전/후 방향이 우월하게 했으면서도 후면이 보이지 않도록 벽으로 닫은 것은, 궁극적으로 후면 필지에 위치한 두 개의 매스가 시각적 조건으로 보아 이러한 벽이 없을 경우, 옥외 공간이 강하게 갖고 있는 방향성의 종점에 놓일 만한 가치를 전혀 지니지 못하고 있다는 사실의 인식에 기인하고 있음이다.
그 결과로 후면에 위치한 선큰 플라자의 공간 윤곽이 수직 방향으로 그 초점을 바꾸고자 하는 의도와 맞물려 있으며, 바로 우측의 주차 타워의 수직적 볼륨의 윤곽과 상호 모순되지 않는 짜임새의 결과를 보여주고 있는 것으로 설명 가능하다. 틀어진 벽의 방향은 좌/우, 전/후 켜 사이를 잇

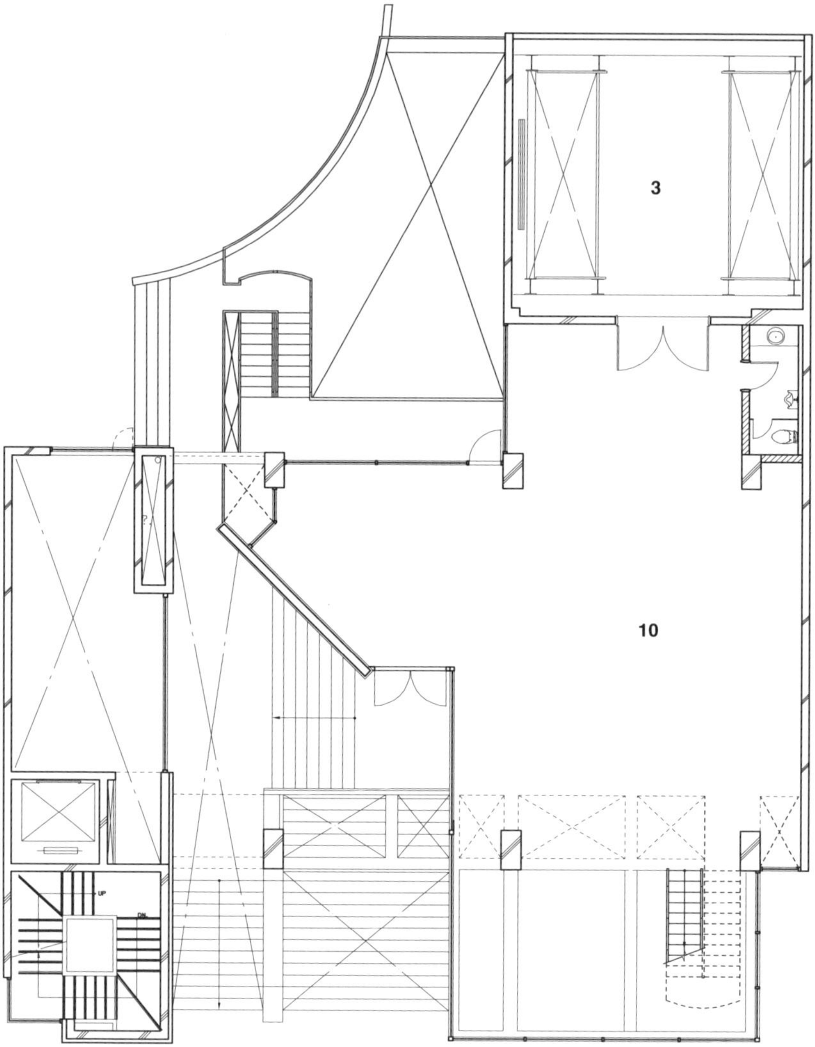

1. 다목적홀
2. 선큰가든
3. 주차타워
4. 프라자
5. 대중음식점
6. 펜시(소매점)
7. 로비
8. 홀
9. 주차통로
10. 소매점
11. 회의실
12. 사무실

지 상 2 층 평 면 도

0 1 3 6M

는 동선을 4방향이 각기 다른 공/사 성격의 뉘앙스 차이에 부합하도록 조절한 것이다.
이 벽의 존재가 없었거나 제대로 디자인되지 않았다면 바른손센터는 단순히 공간 영역을 많이 확보하였다는 평가를 받는 수준에 머물고 말았을 만큼 없어서는 안 될 중요한 형태 요소이다.

효용론적 층위 : 시작/끝의 경험문제

짜임새에서 설득력을 갖춘, 오픈 공간의 시작은 1층 레벨에서 좌/우 켜의 인지도를 보다 극명하게 하기 위하여 2층으로 향(수직 상향)하는 좌측의 동선과 지하 1층으로 향하는 우측의 동선을 분리하면서 지상 1층에서 오픈 공간의 주된 방향(수평 하향)이 지하 공간으로 향하도록 계단의 폭이 상대적으로 우월하다. 좌/우측 동선의 차이는 곧 공공 성격의 뉘앙스 차이를 수반한다.
2층의 45도 비켜선 녹슨 벽면은 지하 1층에서도 연속되지만 하부가 절단되어 있는데, 이는 수평 하향의 깊이감을 해치지 않으려는 의도이다.
1층 주차 타워와 좌측 서비스 타워 사이를 연결하는 다리가 가로지르는데, 이는 단순한 기능상의 연계뿐만 아니라 지하층으로 공간의 깊이를 창조하게 함으로써 지하로 향하는 방향의 관성을 강화하는 데 크게 이바지하기 위함이다.
동선 요소로서의 다리의 위치는 또한 지하 공간으로의 관성을 강화해 주면서도 1층의 눈높이나 시각 거리상으로 보아 후면에 대한 정보를 완전히 노출하지 않는다는 사실 때문에 후면 공간에 대한 호기심을 자극하는 요인으로 작동한다.
다리 하부에 나타나는 계단은 오픈 공간의 전/후 방향과 평행으로 최대로 멀어졌다가 지하 3층의 오픈 플라자의 중심 방향으로 되돌아오는 형식으로 마무리된다. 이렇게 오픈 플라자에 '끝'까지 다다르는 방식의 선택은 그 공간의 윤곽에서 보이는 수직성을 경험할 수 있다는 점에서 매우 정합적인 선택이었다. 사옥 상부의 본체와 주차 타워 사이의 간극이 다시 중하게 감지되는 것도 바로 이 때문이다.
이들 계단의 결합은 동선이 길다는 사실을 간과한 만큼 시작과 끝을 끊임없이 암시하고 보상해주며 오픈 플라자를 정의해 주는 주변의 형태 요소를 동선 경험의 주요 대상이 되도록 그 위치와 방향이 조절되어있다. 동선의 상호 결합과 조절은 자기 완결의 회로로서 다양한 공간의 시작과 끝을 경험할 수 있는 가능성과 그에 상응할 만큼 공간 읽기의 즐거움을 부여해 준다.
공간 경험의 끝은 또한 시작이다. 오픈 플라자에서 지상으로 되돌아 나가는 경험을 축적인 장치들이 상호 조절되어 있음은 물론이다. 여기서는 자세히 기술하는 것을 생략하기로 하고 독자의 몫으로 돌리는 것도 무방할 듯하다.

건축의 즐거움

바른손센터를 통해서 우리는 다음과 같은 건축의 즐거움에 목표를 두었다.

첫째, 개념의 차원에서 지식을 공유할 수 있는 즐거움이다.
바른손센터는 건축물이 도시의 건강하고 유효한 한 부분으로서 그 존재 이유를 얻기 위한 해법으

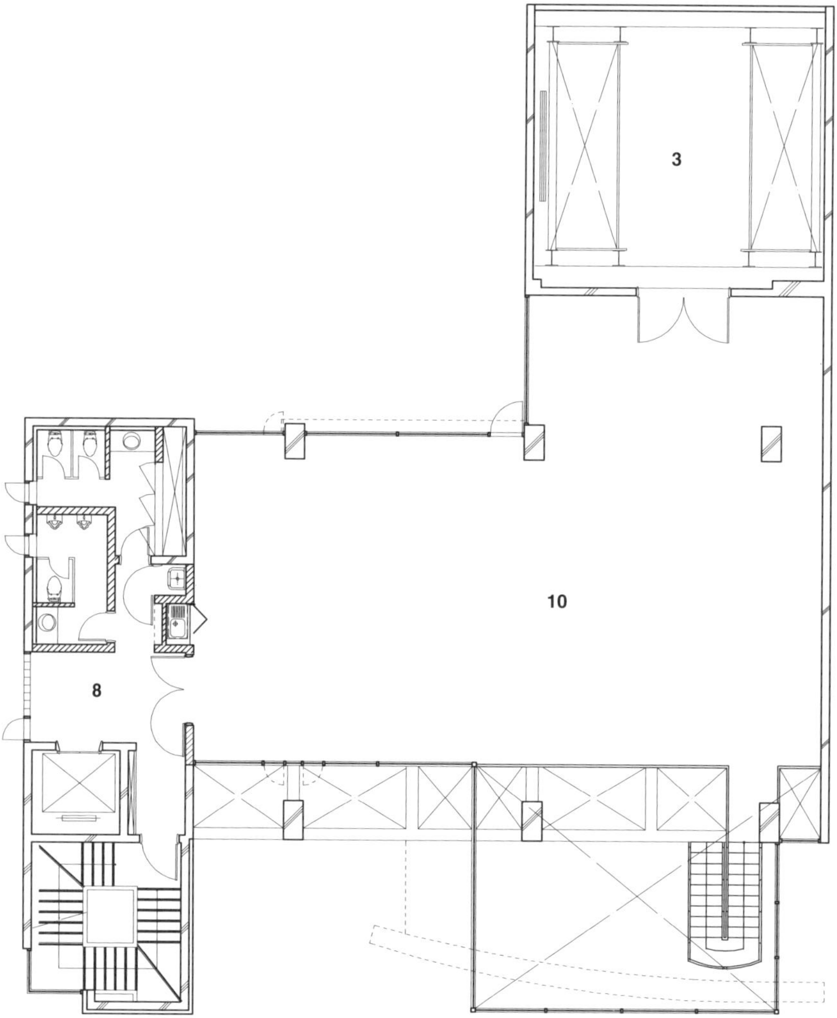

1. 다목적홀
2. 선큰가든
3. 주차타워
4. 프라자
5. 대중음식점
6. 펜시(소매점)
7. 로비
8. 홀
9. 주차통로
10. 소매점
11. 회의실
12. 사무실

지 상 3 층 평 면 도

0 1 3 6M

로써 '작은 도시로서의 은유' 라는 개념을 보여주고 있다는 점이 흥미롭다.

둘째, 형태 언어적인 차원의 완성도를 읽을 수 있는 즐거움이다.

바른손센터는 여러 가지 '형태 요소들 간의 정합성' 을 전제로 하고 있다는 점에서 형태의 결구와 개념 간의 관계를 꼼꼼하게 읽어볼 수 있는 즐거움이 있다.

셋째, 정치적인 차원에서 동감하는 즐거움이다.

바른손센터는 건축가의 개념을 유지하면서도 분명 경제, 합리, 기능이라는 논리를 넘어서서 정서의 논리를 공간에 담아내고 있다. 전자의 논리가 서슬 퍼런 현실에도 불구하고 '정서의 논리가 가장 상업적일 수도 있다' 는 정치적인 입장을 이끌어낸 것이기에 그러하다.

넷째, 건축 문화적인 차원에서의 성과에 대한 즐거움이다.

바른손센터의 공간은 엄격히 말해 건축 언어 자체의 혁신보다는 기존 작품들의 선례-이를테면 데이빗 카퍼필드의 작품과 같은 공간 구성-로부터 출발하여 궁극적으로는 우리 사무소의 언어를 잘 구축해냄으로써 서구 건축을 껍데기로 베끼는 수준으로부터 확실하게 일탈하고 있다는 점에서 이 작품의 교육적 가치에 의미를 부여하고자 했다.

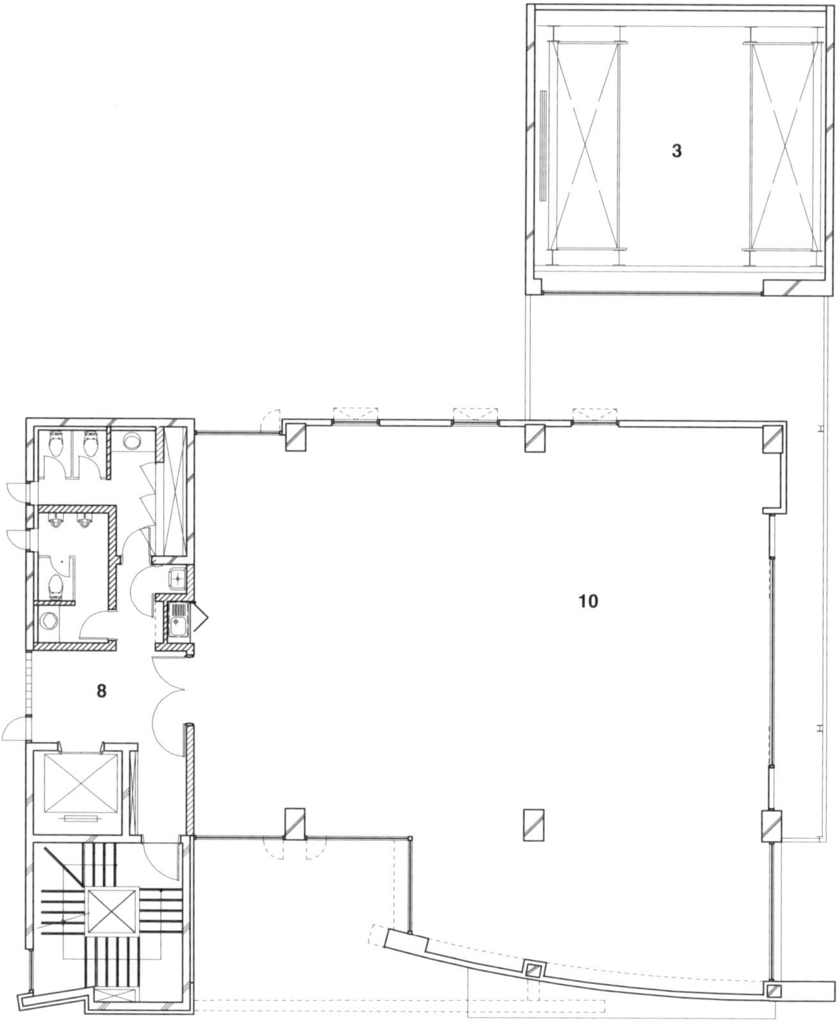

1. 다목적홀
2. 선큰가든
3. 주차타워
4. 프라자
5. 대중음식점
6. 펜시(소매점)
7. 로비
8. 홀
9. 주차통로
10. 소매점
11. 회의실
12. 사무실

지 상 4 층 평 면 도

0 1 3 6M

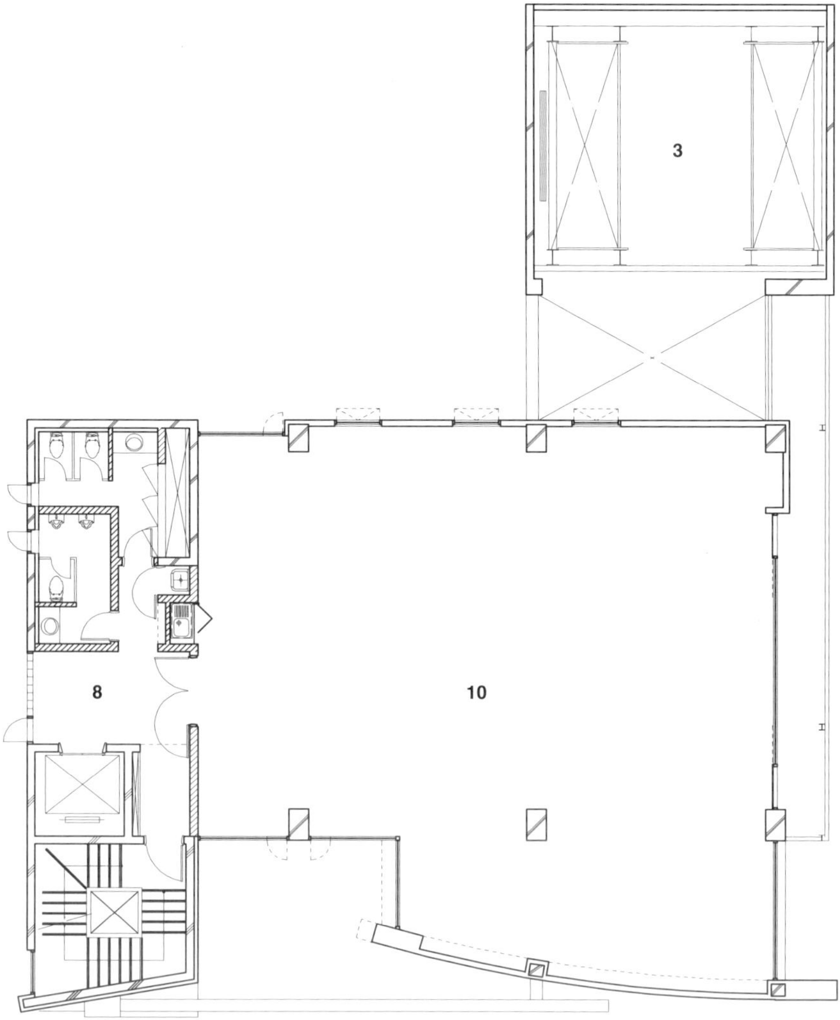

지 상 5 층 평 면

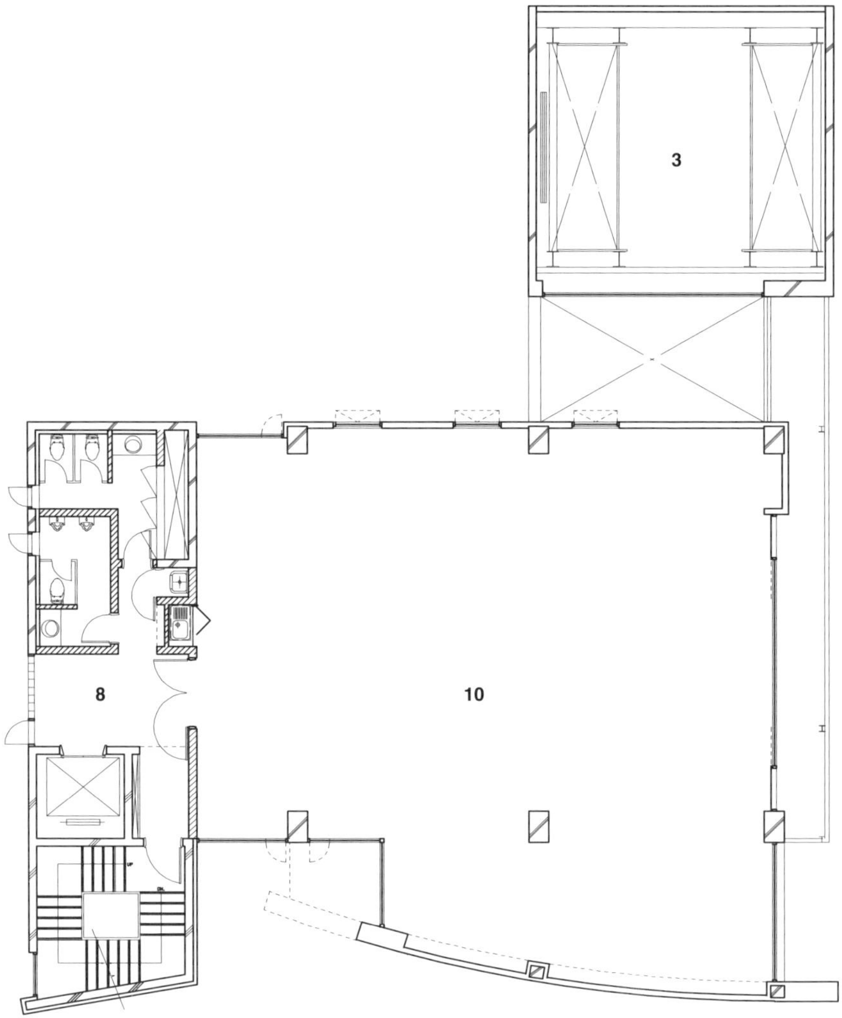

1. 다목적홀
2. 선큰가든
3. 주차타워
4. 프라자
5. 대중음식점
6. 펜시(소매점)
7. 로비
8. 홀
9. 주차통로
10. 소매점
11. 회의실
12. 사무실

지 상 6 층 평 면

0 1 3

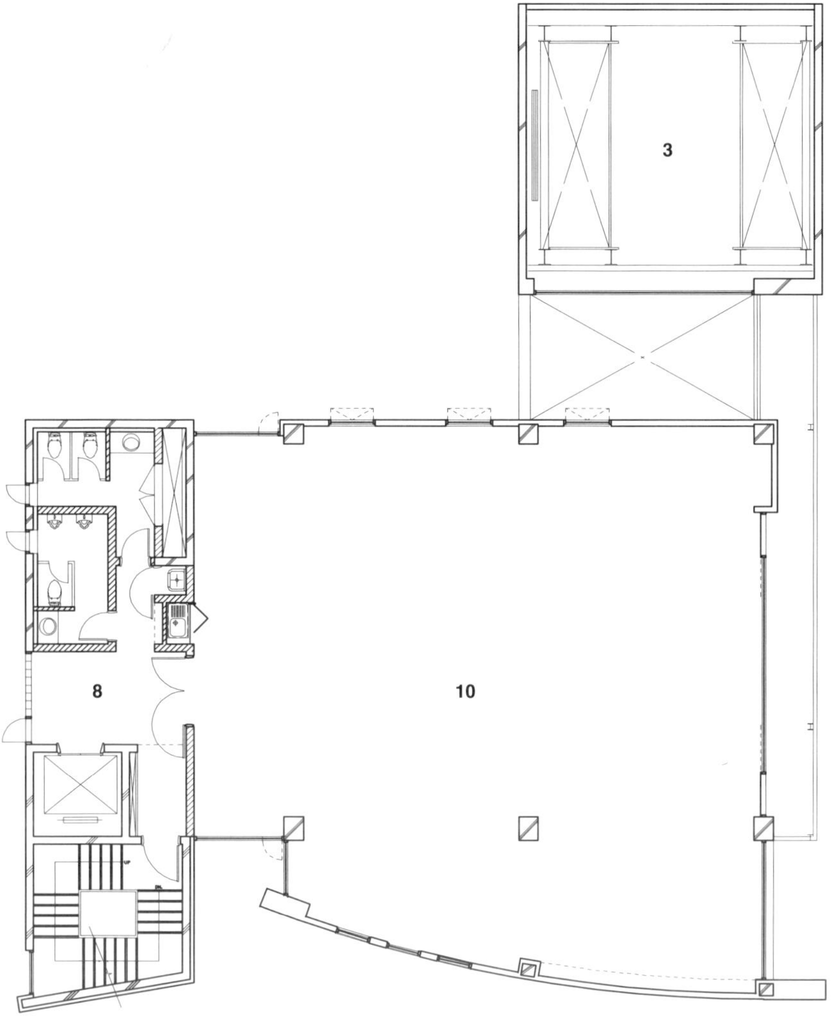

지 상 7 층 평 면 도

0 1 3 6M

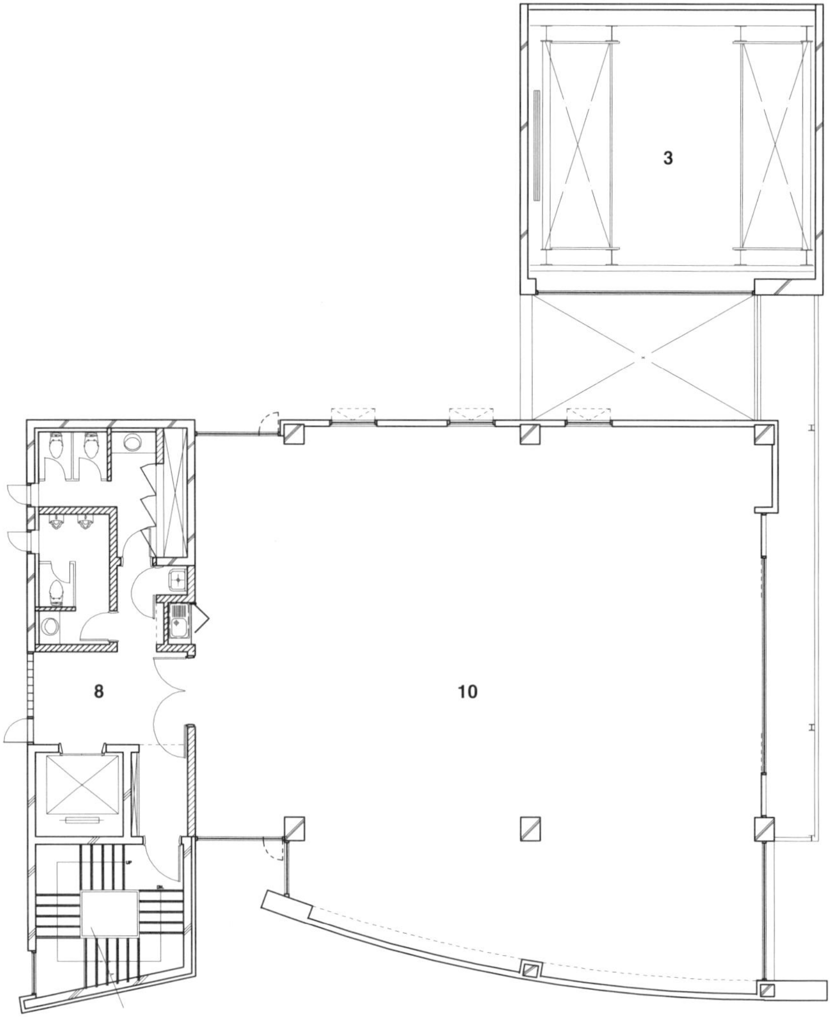

1. 다목적홀
2. 선큰가든
3. 주차타워
4. 프라자
5. 대중음식점
6. 펜시(소매점)
7. 로비
8. 홀
9. 주차통로
10. 소매점
11. 회의실
12. 사무실

지 상 8 층 평 면 도

0 1 3 6M

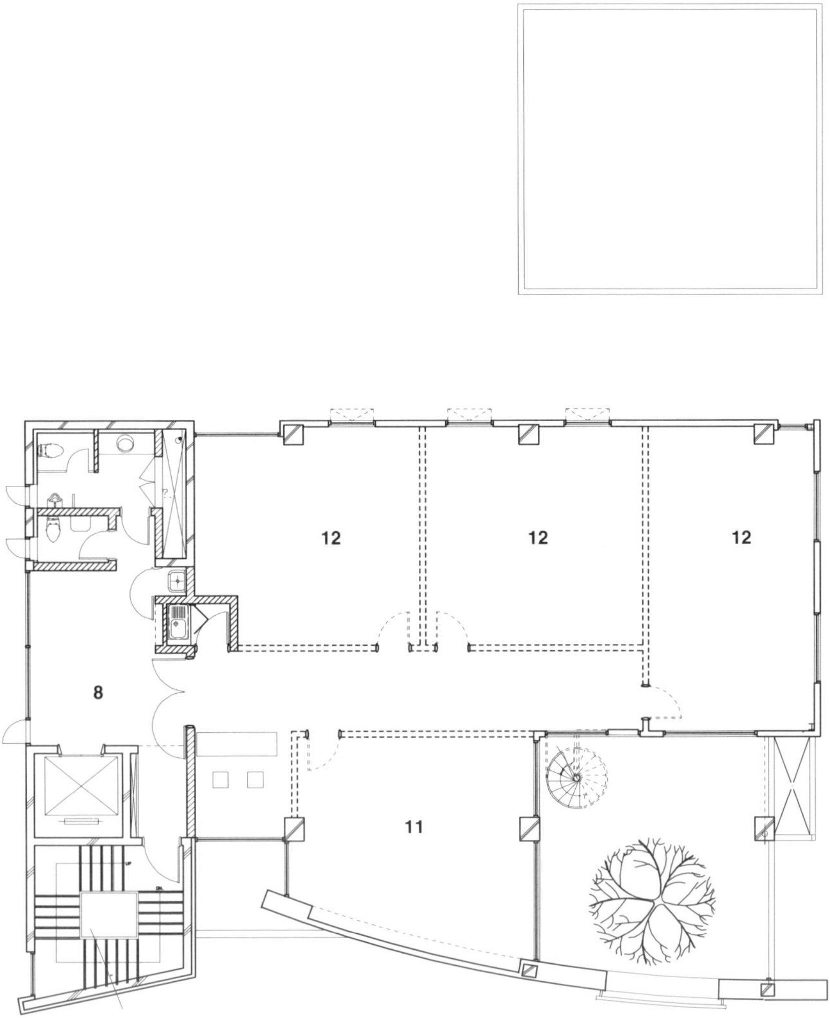

지 상 9 층 평 면 도

0 1 3 6M

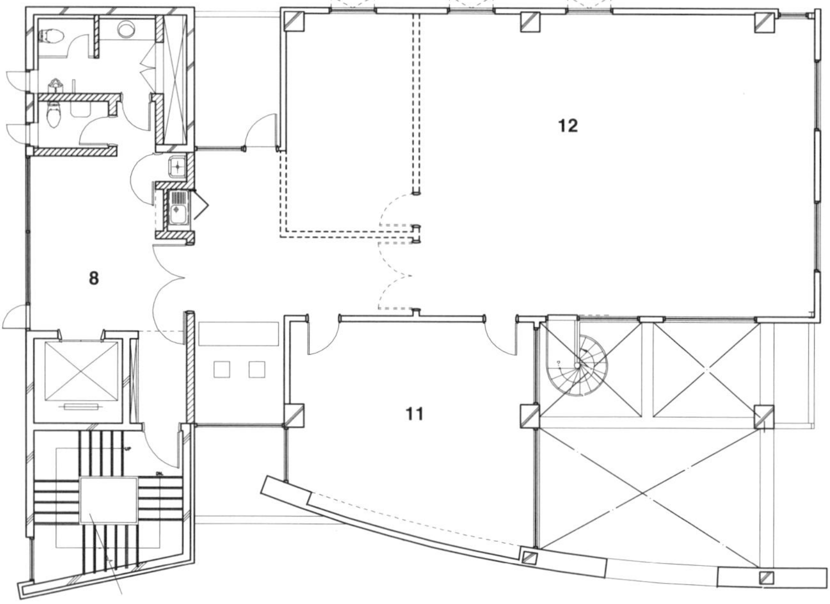

지 상 10 층 평 면 도

0 1 3 6M

1. 다목적홀
2. 선큰가든
3. 주차타워
4. 프라자
5. 대중음식점
6. 펜시(소매점)
7. 로비
8. 홀
9. 주차통로
10. 소매점
11. 회의실
12. 사무실

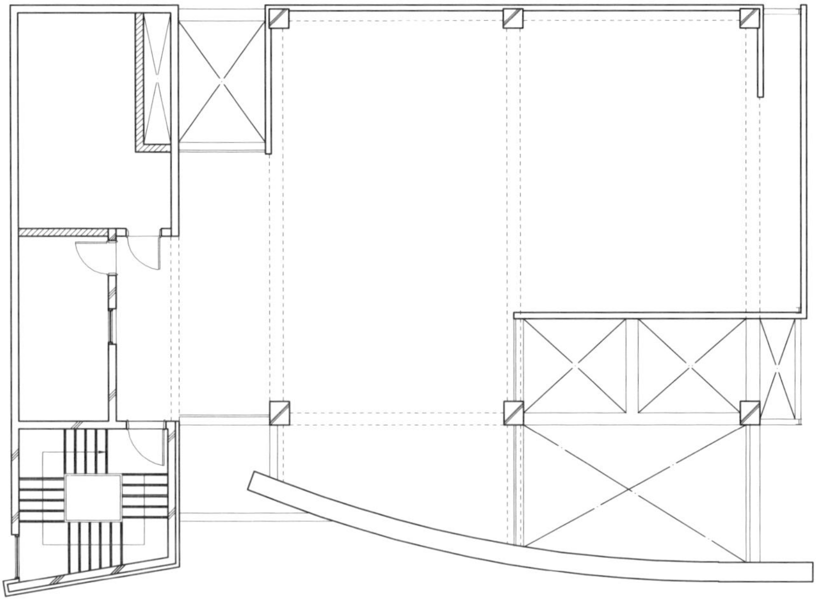

옥 탑 평 면 도

0 1 3 6M

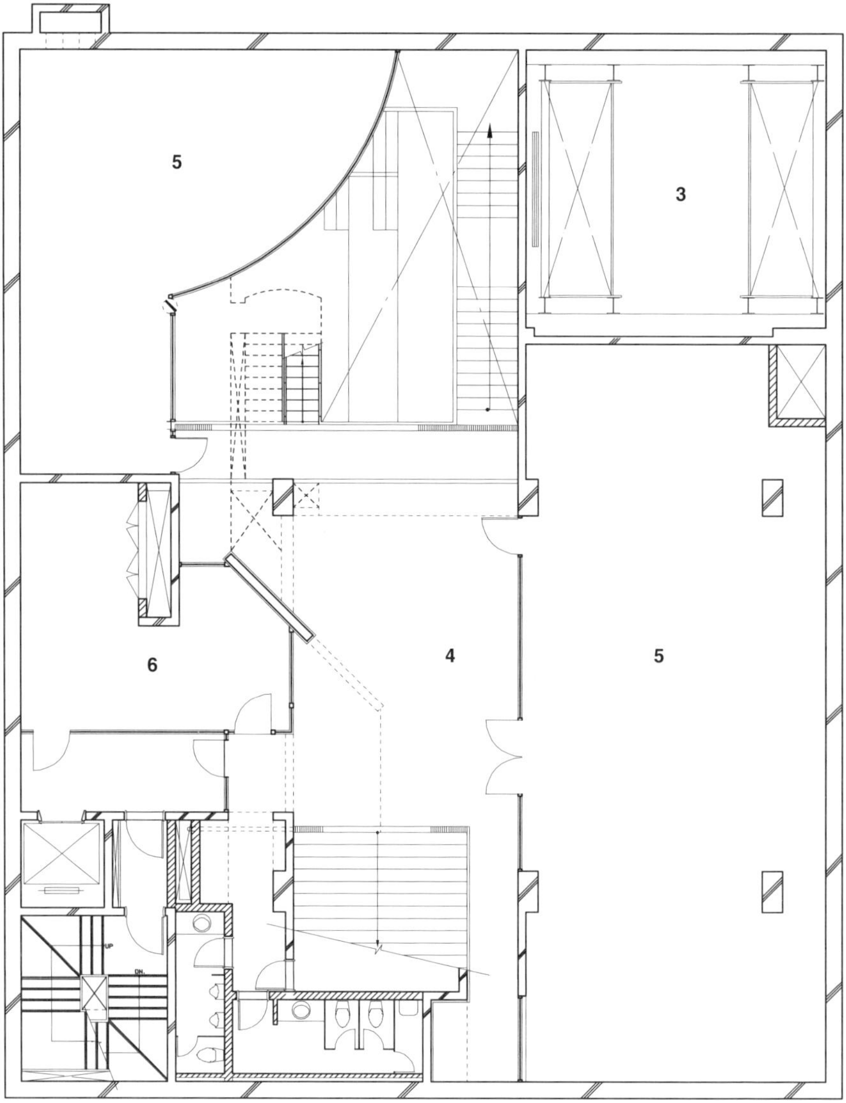

1. 다목적홀
2. 선큰가든
3. 주차타워
4. 프라자
5. 대중음식점
6. 펜시(소매점)
7. 로비
8. 홀
9. 주차통로
10. 소매점
11. 회의실
12. 사무실

지 하 1 층 평 면 도

0 1 3 6M

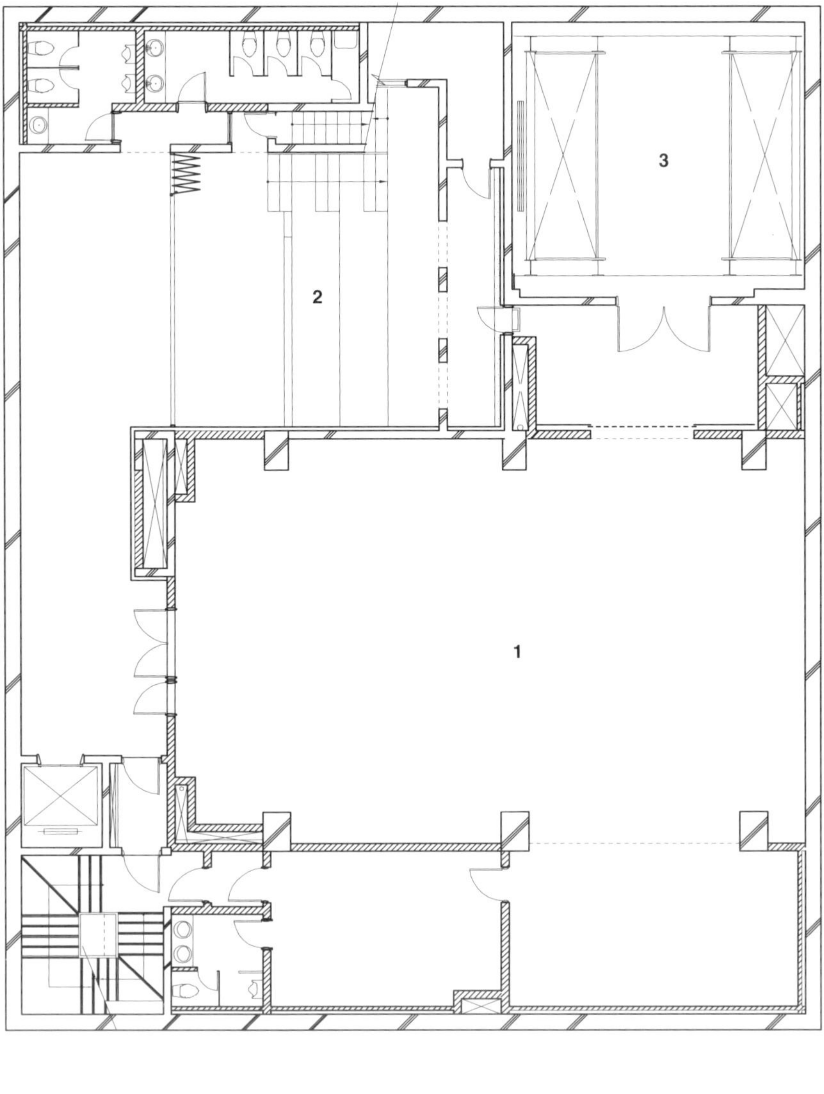

지 하 2 층 평 면 도

0 1 3 6M

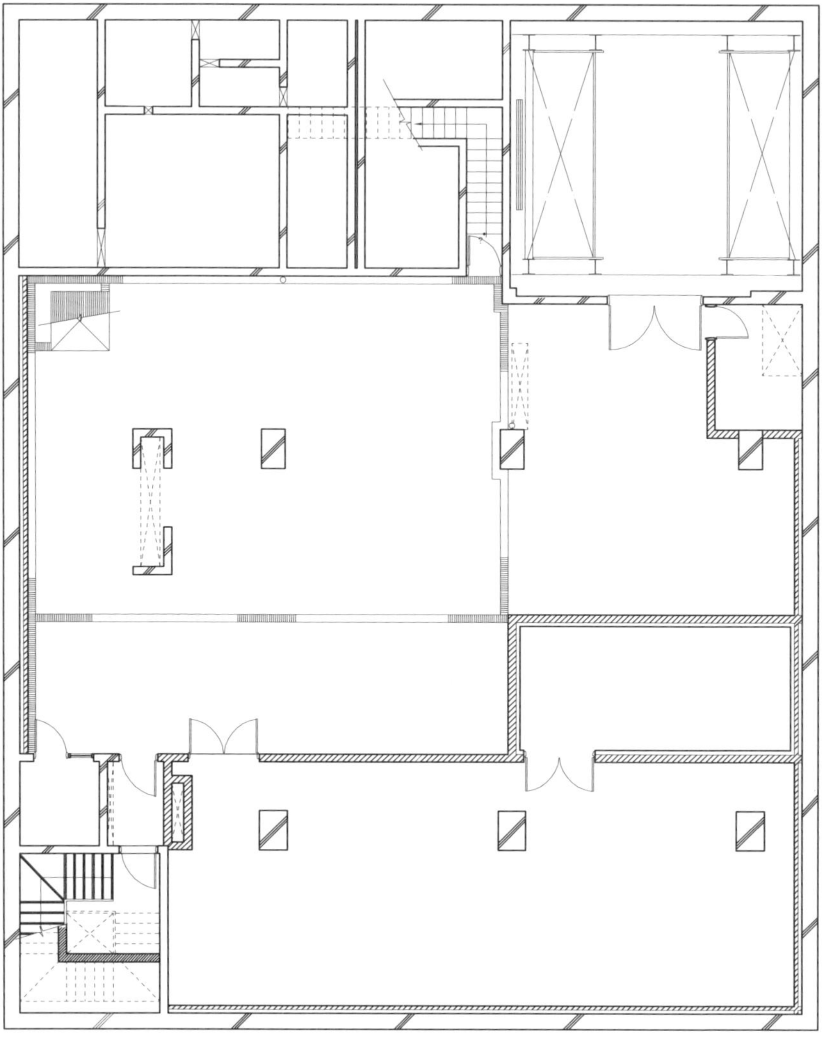

1. 다목적홀
2. 선큰가든
3. 주차타워
4. 프라자
5. 대중음식점
6. 펜시(소매점)
7. 로비
8. 홀
9. 주차통로
10. 소매점
11. 회의실
12. 사무실

지 하 3 층 평 면 도

0 1 3 6M

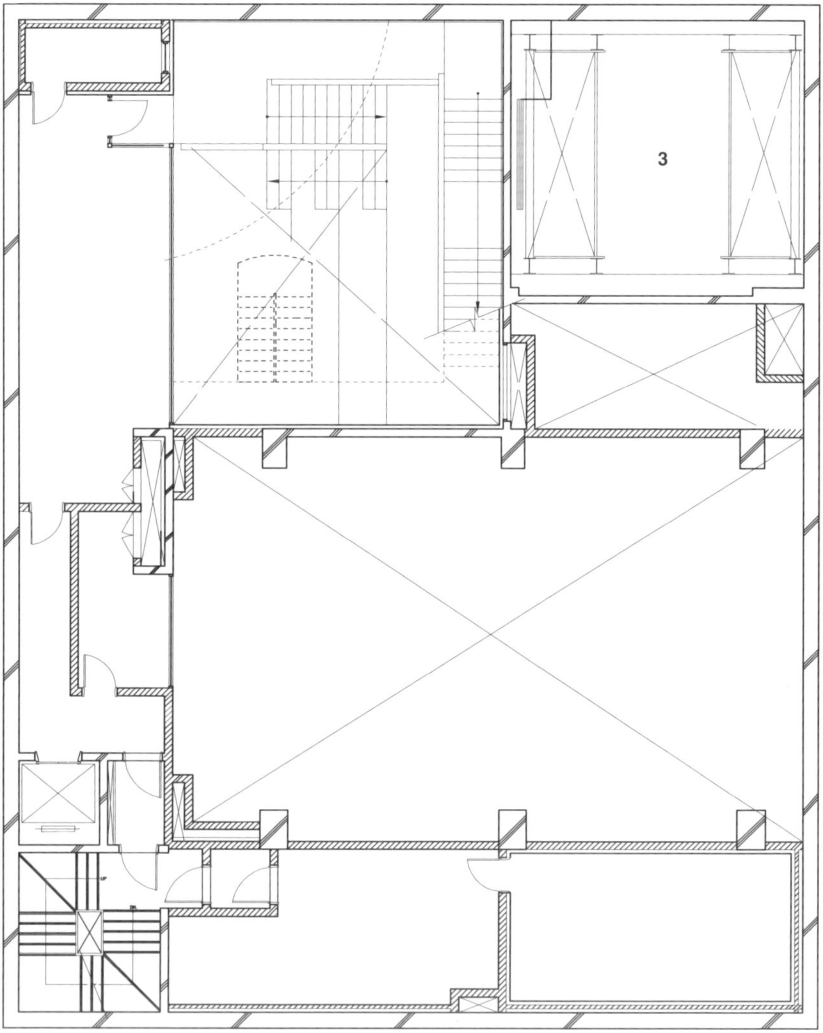

지 하 중 2 층 평 면 도

0 1 3 6M

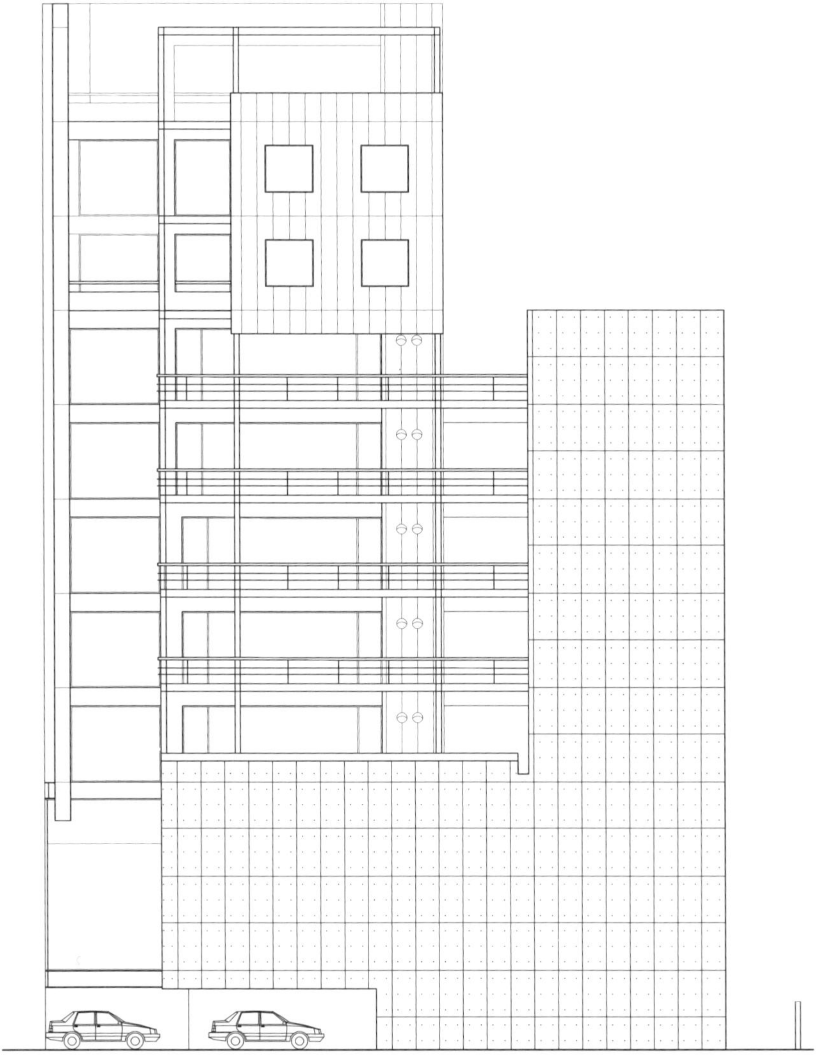

남 측 면 도

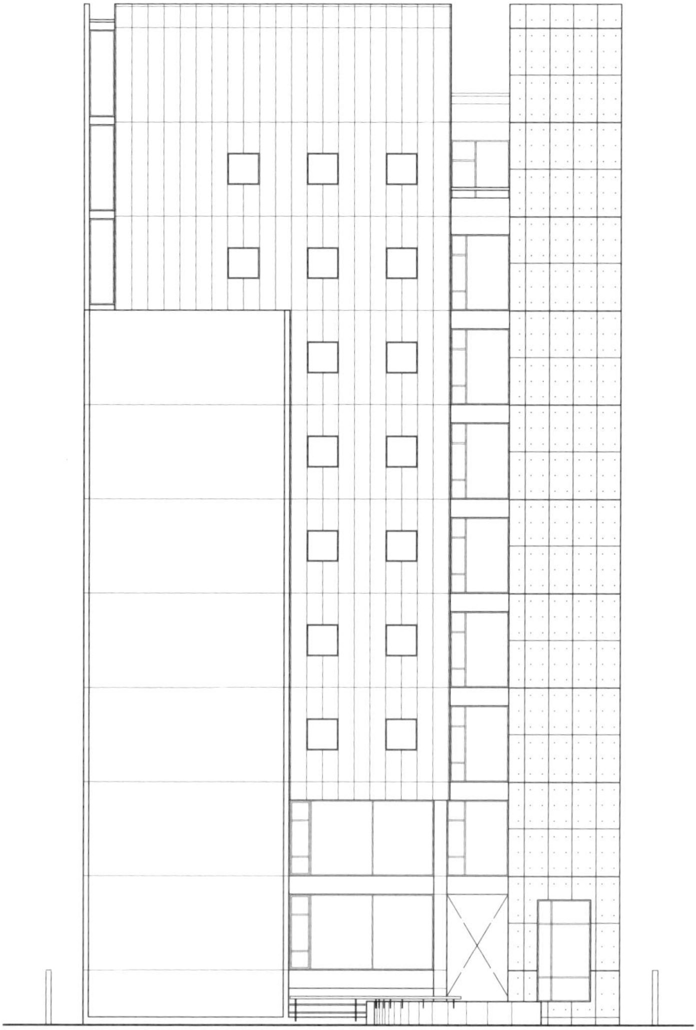

동 측 면 도

0 1 3 6M

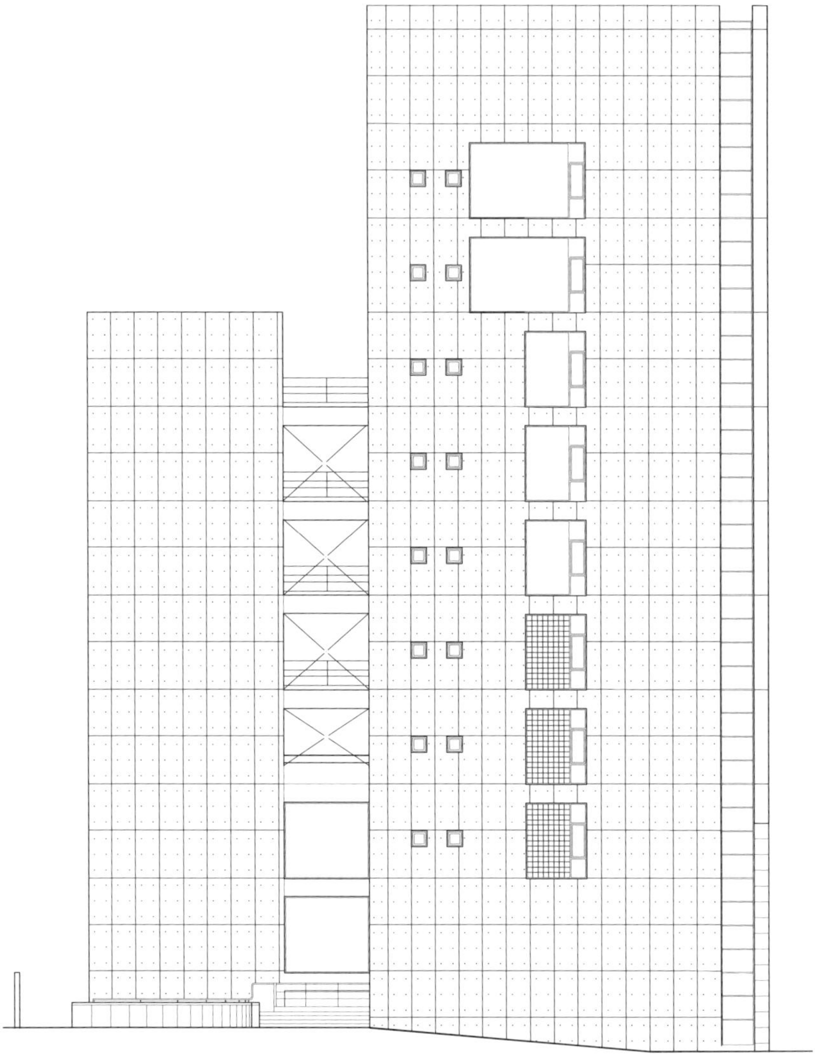

북 측 면 도

0 1 3 6M

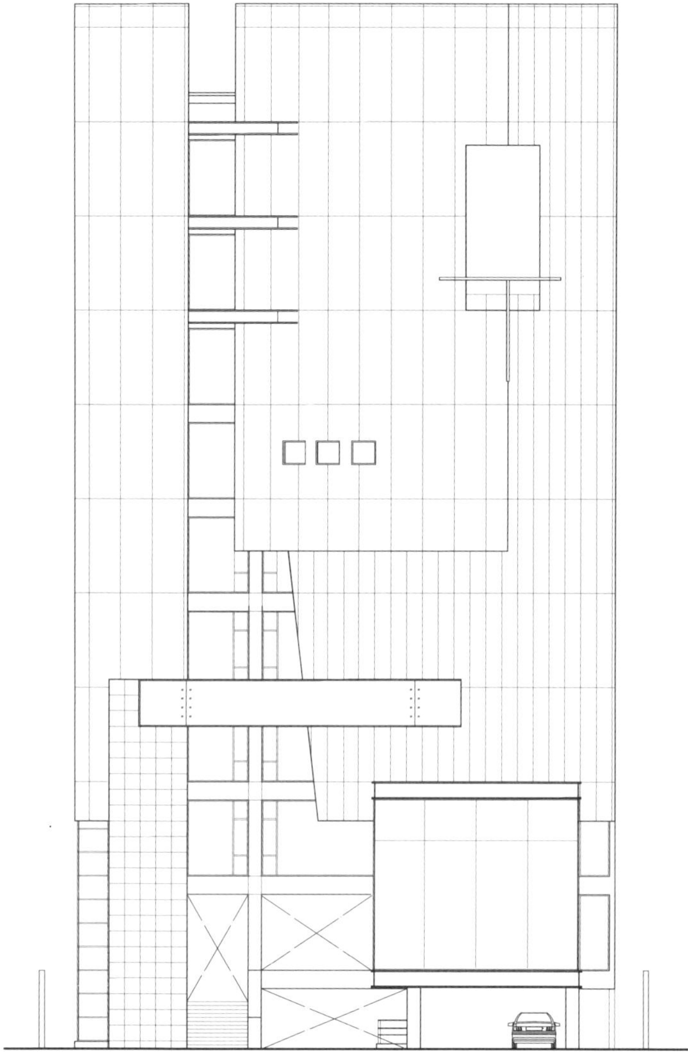

서 측 면 도

0 1 3 6M

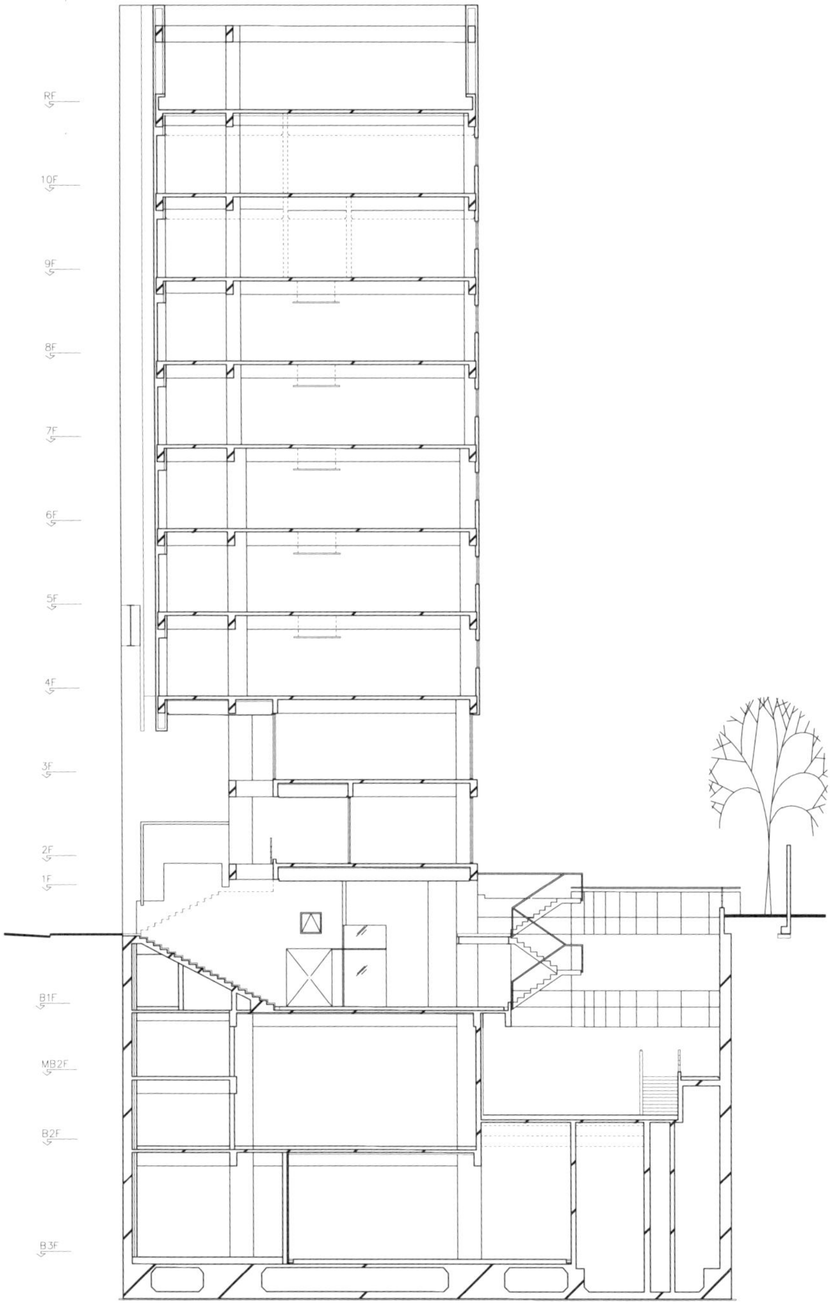

단 면 도- 1

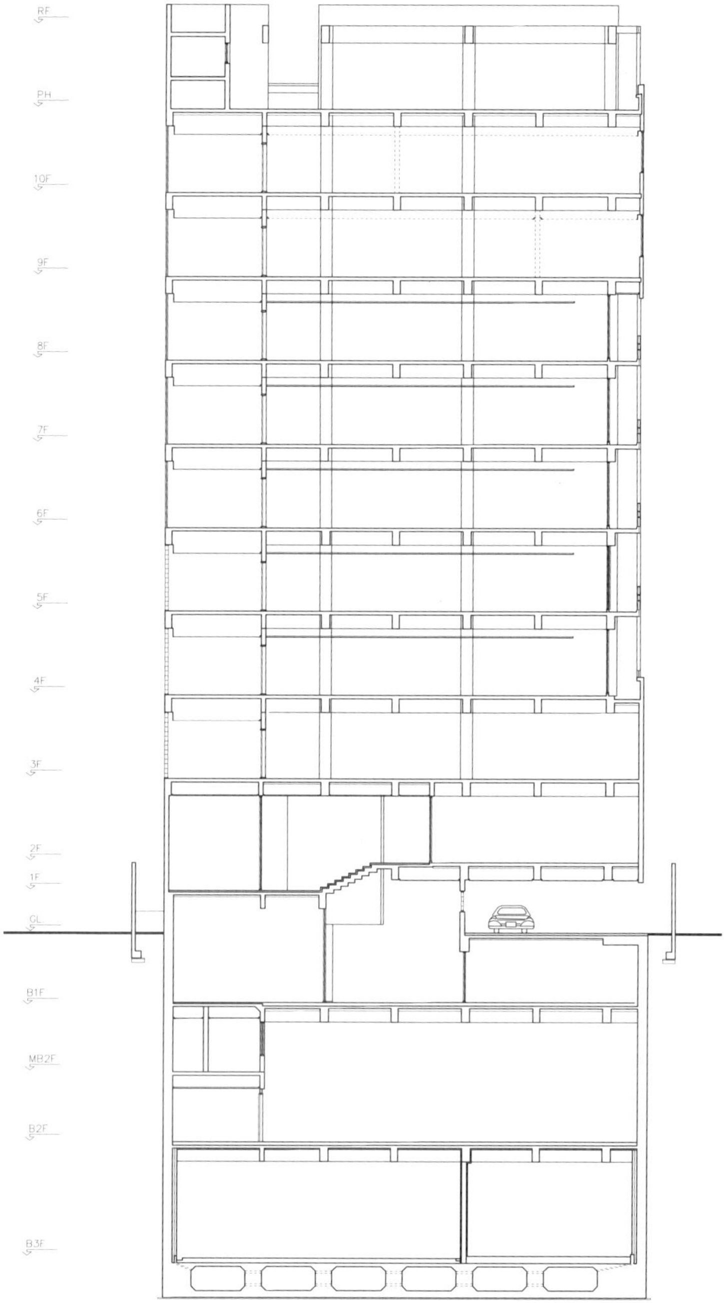

단 면 도- 2

0 1 3 6M

작업노트
이화정동빌딩
Report
Ewha Jeong-dong Building

우의정
메타건축 대표

[개요]

설계기간: 2014.1.~2014.9.

공사기간: 2014.10.~2016.3.

위치: 서울특별시 중구 정동길 17

지역지구: 제3종일반주거지역/4대문안

주요용도: 업무시설 및 제2종근린생활시설

대지면적: 2,084.3㎡

건축면적: 1,014.93㎡

연면적: 9,970.67㎡

조경면적: 371㎡

건폐율: 48.7%

용적률: 249.9%

규모: 지하 3층, 지상 9층

구조: 철근콘크리트조

최고높이: 35.9m

외부마감: 치장벽돌, T24 투명컬러복층유리(스틸프레임)

내부마감: 수성페인트

공사비: 약 140억 원

계획은 다음과 같은 생각과 함께 진행된다.
- 어떻게 이 과제 속에 이화학원의 오랜 전통을 담아낼 수 있을 것인가?
- 어떻게 이 과제가 정동 영역의 아우라 속으로 녹아 들어갈 수 있을 것인가?
- 어떻게 이 과제를 효율 높은 재단의 수익시설로 만들어갈 수 있을 것인가?
등의 생각들이다.

그 중에서도 가장 구체적으로는
- 어떻게 이 과제와 인접한 건물 사이에 서로 간섭을 최소화 하며 함께 공존하는 예의 충만한 동시에 적정한 환경 및 프로그램을 갖추도록 할 것인가에 대해 신중한 고려를 하게 만든다.

예의 또는 적정이란 다음의 항목들이다.
- 대지 북측, 오래된 정동 아파트(6층, 18m)의 일조권 또는 사생활 침해를 최소화 하는 일
- 대지 남측, 캐나다 대사관의 숙소(5~9층)와의 시각적 간섭을 최소화 하는 일
- 이화학원 빌딩 주요부의 채광과 조망이 매우 양호하도록 만드는 일
DECORUM 이라는 단어 하나가 그와 같은 의미를 집약하고 있어 계획의 주된 개념어로 삼는다.

DECORUM
[NOUN] Decorum is behaviour that people consider to be correct, polite, and respectable.
명사[U] 1. 몸가짐이 단정함, 예의 바름. 예의 바르게 행동하다.
2. 적당함, 알맞음, 어울림.
3. (decorums) (상류 사회에서 필요한) 예절, 에티켓.
4. (문학 · 연극) 주제와 문체의 일치

Decorous Formation
지상층 연면적 5,208.57㎡(용적율 한계 250%)를 다음과 같은 이유를 따라 조율해 본다.
1. 정동길에 함께 면하고 있는 프란치스코 수도원과 정동 아파트의 높이를 따라 정면 저층부를 형성하도록 한다.(5개 층)
2. 북측 수도원 정원으로, 남측 예원학교 영역으로 충분히 열려 있는 위치에 고층부를 형성하도록 한다(10개 층)
3. 그 결과 아파트와 대사관 숙소 모두 사이에 불필요한 간섭을 최소화 시키며 건물 주요부에서 양호한 채광과 조망을 얻을 수 있도록 만드는 동시에 저층의 정면으로부터 정동길의 아우라에 잘 적응될 수 있는 정면-파사드를 형성하도록 한다.

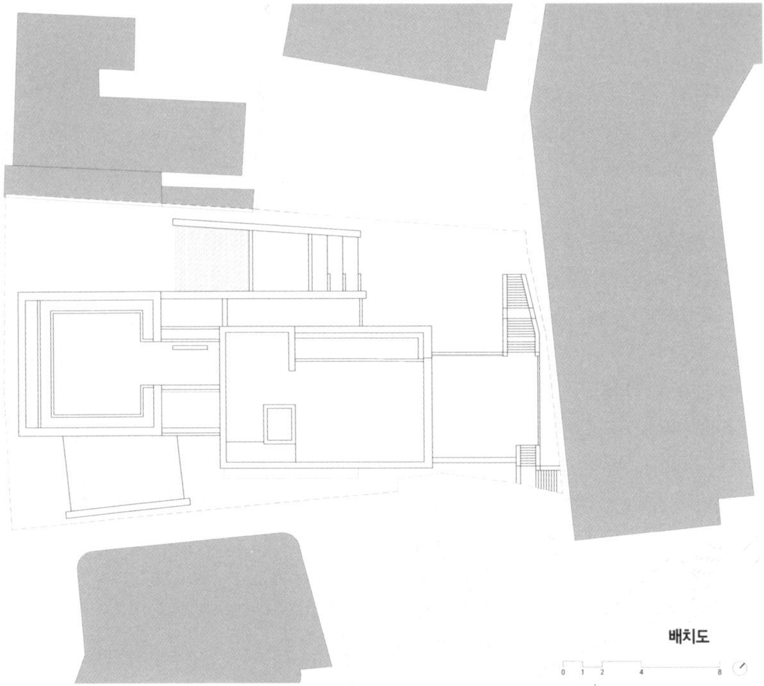

배치도

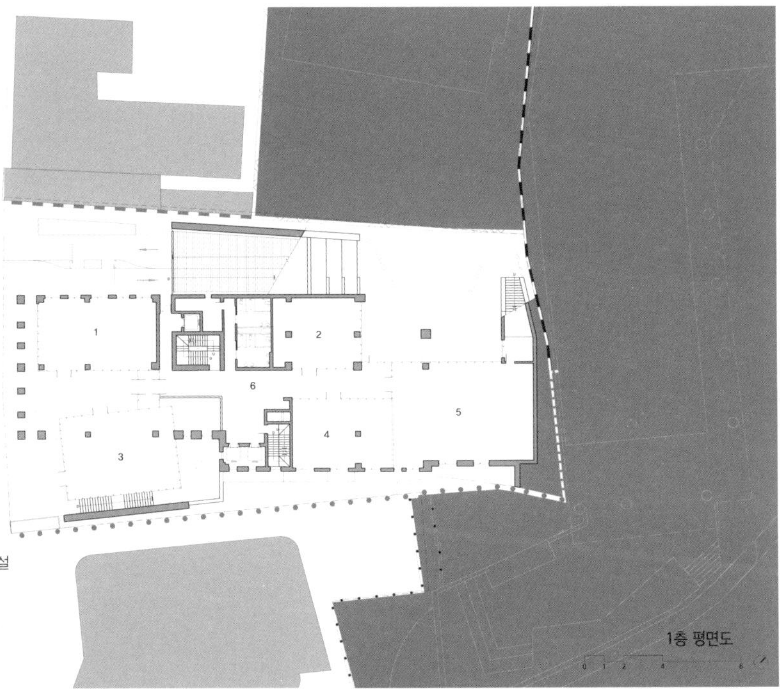

1-5. 근린생활시설
6. 홀

1층 평면도

단계별 접근

STEP 01: 주변시설의 분석
주변에 분포하는 시설의 규모와 성격을 분석하여 계획에 반영한다.
인접시설의 용도를 검토해 연결요소와 분리요소를 구분한다.

STEP 02: 정동아파트와의 관계
북서쪽의 6층 규모인 정동아파트에 대응하는 가로변 매스를 계획한다.

STEP 03: 캐나다대사관과의 간섭 최소화
캐나다대사관이 근접해 위치하고 건물 높이가 높은 점을 고려한다.
고층 매스를 후퇴해서 배치하여 인접시설과의 간섭을 최소화한다.

STEP 04: 정동아파트와 정동길에의 대응
정동아파트의 프라이버시를 고려해 정동아파트와의 이격을 충분히 하고 당해 면의 개구부는 최소화한다.
정동길을 향해 공공성을 확보하기 위한 개구부의 개방을 적극적으로 한다.

Decorous Program
과제를 위해 진행한 수요조사 결과 다음과 같은 결론을 도출한다.

첫째, 정동길 내 업무시설의 임차 규모는 평균 330㎡인 것으로 파악되었다.
그 이유는 이 영역이 신문로 또는 서소문에 면한 업무시설들과 상황이 매우 달라 단위 규모는 작더라도 기존 공간을 분할해 쓰기보다는 독립적인 환경을 더 선호하는 경향이 있기 때문이다. 따라서 그것에 맞는 임대 단위를 검토하여 업무공간의 적정 단위 규모를 결정한다.
▶ 업무시설 330㎡를 적정 임대 단위로 설정하여 계획한다.

둘째, 정동길 내에서 지하층 근린생활시설의 임대는 원활하지 않다.
그 이유는 가로의 보행성이 중요해지는 도시의 공통된 현상이지만 보행이 가장 중요한 정체성인 정동길에서는 더욱 그러하다. 또한 가능한 하나의 임차인이 지하층 전체를 운용하는 것이 임대 관리운영 차원에서 훨씬 더 적절한 일이기에 그것에 맞는 적정 프로그램을 도출하도록 한다.
▶ 도심에서 점차 늘어나고 있는, 식음료를 겸한 다양한 모임이 가능한 커뮤니티 하우스를 지하층의 프로그램으로 가정하며 1층 식음료 공간과 연동되도록 한다.(100명 수용의 연회 겸 집회장에서 4~6인 소모임 룸 분포) 또한 커뮤니티 하우스와의 연동을 위해 5층에 게스트 하우스 유치의 가능성을 두지만 이는 운영 상 신중한 고려 후 결정해야 할 일이다. 그 중에서도 강연, 세미나, 연회 등으로 다양하게 쓰일 수 있는 화암기념홀의 존재가 시설의 유용성, 상징성 등 여러 측면에서

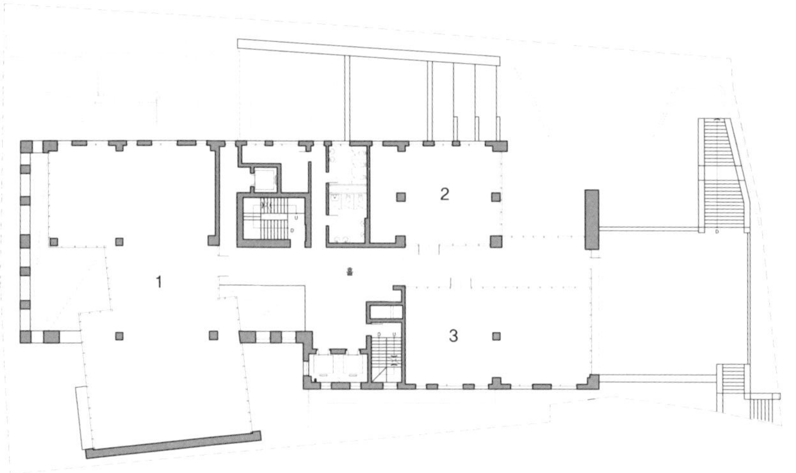

1-3. 근린생활시설

2층 평면도

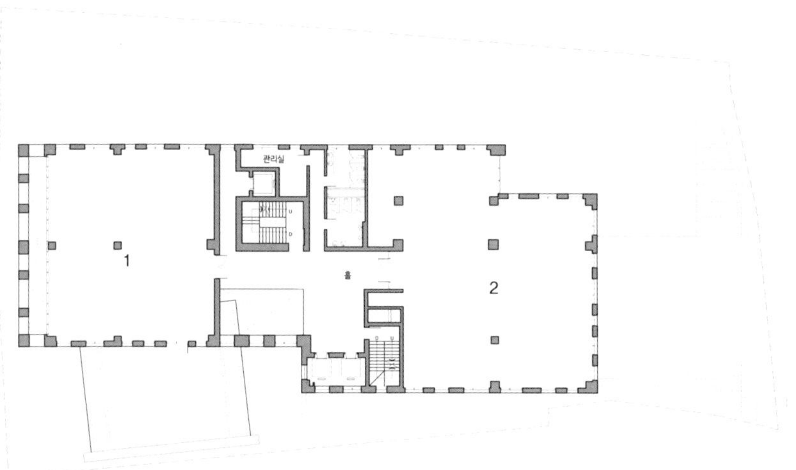

1-2. 근린생활시설

3층 평면도

의미 있을 것으로 본다.

Decorous Materiality

정동길에 면하는 시설은 그 포메이션 뿐만 아니라 외부 재료의 물성Materiality 또한 매우 중요하다. 개화기로부터 많은 건물들이 붉은 벽돌의 소재를 사용해 왔다. 중명전, 정동교회, 신아일보 등이 그러하며 이화여고의 심슨기념관, 프라이홀 역시 그러하다. 정동극장과 프란치스코회관 역시 붉은 벽돌을 사용하고 있다. 새로운 시대에 새로운 재료를 사용하는 것도 흥미로운 일이지만 본 과제에서는 '익숙한 재료를 익숙하지 않게 사용하는 방법'을 채택하도록 한다. 그러기 위해서는 다른 크기의 벽돌(100주년 기념관에서 재사용한 프라이홀 옛 벽돌은 230×110㎜)에 조응하는 다른 디테일의 고안이 필요하다.

정동길

덕수궁 대한문에서 신문로까지 이어지는 1㎞의 길은 구한말 한양의 모습이 남아 있는 곳이다. 조선 태조 이성계의 계비, 신덕왕후의 정릉이 자리하여 '정동'이란 이름이 붙었다.

19세기 후반 개화기를 맞아 서구 열강의 공사관이 당시의 대표적 무역항이었던 마포와 궁궐에서 가까운 이곳에 들어서면서 서구식 교육기관과 종교건물이 집중되는 근대문물의 중심지가 되었다. 서울의 대표적인 데이트 코스인 덕수궁 돌담길을 따라 울창한 가로수를 지나면 1897년 최초의 개신교 건물인 정동교회가 정동길 탐방의 시작을 알리고 왼편 작은 언덕을 따라 올라가면 옛 대법원 건물을 새롭게 단장한 서울시립미술관이 문화의 거리를 상징하며 서 있다.

배치계획

이미 자리 잡고 있는 인근 기존 시설들 및 이미 고유한 아우라를 가지고 있는 정동길에 대한 예의와 적정함이 배치의 첫 째 기준이 된다.

그 기준에 따라 단정한(Decorous-예의, 적정, 단정의 뜻을 모두 가진) 배치가 잘 이루어질 수 있다. 특히 정북 일조권 제한이 건물의 조형을 일그러뜨리지 않도록 한다.

평면계획

예의와 적정함 그리고 단정함이라는 배치계획의 기준이 평면계획에서도 동일하게 적용된다. 그 결과 정방형의 단정한 단위 평면이 효율적인 코어와 결합된다.

정동길에 면한 단위 평면은 서측과 남측 및 북측 모두에서 채광이 가능하며 특히 정동길로 열린 조망을 얻게 되며 후면부 2층~10층의 단위 평면은 남측과 북측으로 채광 및 양호한 조망을 얻게 되며 동측으로는 조절된 채광을 얻게 된다.

중앙부의 아트리움과 6층에 마련된 옥상정원 등은 업무공간의 질을 높여 임대시설의 가치 제고에 기여할 것이라 본다.

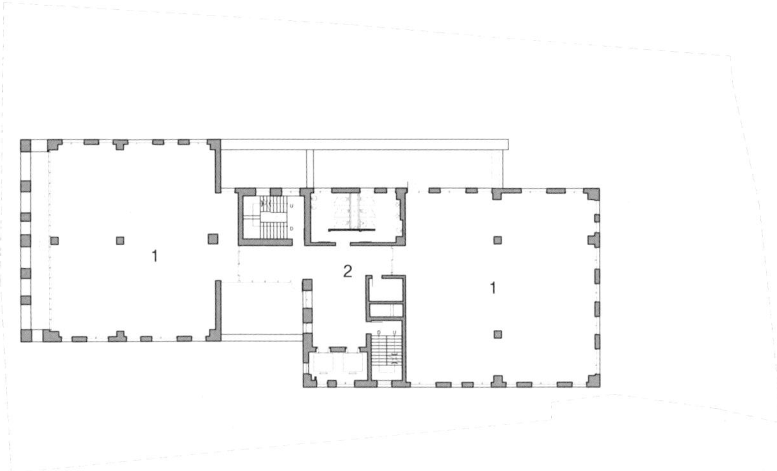

1. 업무시설
2. 홀

4층 평면도

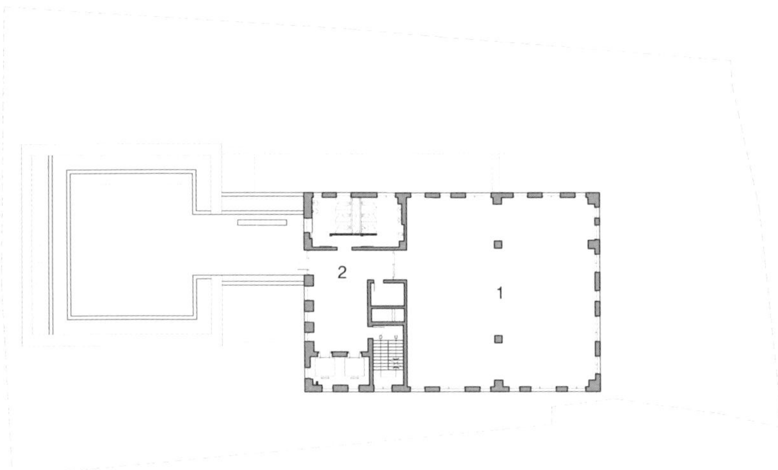

1. 업무시설
2. 홀

6층 평면도

그 외, 저층부 외부공간을 살펴보면

- 1층 임대공간은 도로에 면한 옥외 테라스를 가지며 그곳으로부터 옥외 계단을 통해 지하 1층의 선큰 마당으로 연결되고 또 그곳에 있는 커뮤니티 하우스로 직결된다.
- 동측에는 인접 시설의 외부공간과 유사한 높이에 정원이 만들어져 각 외부공간의 녹지가 서로 연결되도록 한다.
- 건물 왼편 마당은 건물로의 주진입로이자 차량의 주출입구가 된다. T-턴에 의해 차량 회전이 가능하도록 한다.

모듈계획

두 개의 영역으로 나뉘는 임차 공간의 사이에 코어와 아트리움을 계획하여 공간의 독립성과 쾌적한 연결을 제공한다.

첫째, 유연한 경계와 공공의 흐름이 중요하다. 실내와 실외의 경계와 대지안과 대지 밖의 경계가 유연한 열린 마당의 조성으로 공공의 흐름이 이어지도록 한다.

둘째, 쾌적한 지하 환경이 필요하다. 지상의 동선이 자연스럽게 이어지며 편리하게 이용하는 지하영역은 선큰마당과 D.A.의 조성으로 밝고 쾌적한 환경을 제공한다.

셋째, 정동길과의 교감이 중요하다. 정동길의 폭과 교통량을 감안하여 적정 높이인 6층에 이화데크를 계획하고 정동길과의 교감을 형성한다.

입면계획

외부 벽면의 조형계획 역시 정동길에 대해, 그리고 인접한 기존 시설들에 대해 예의를 다하고 적정함을 찾으려는 동일한 목표를 가진다. 특히 정동길의 아우라에 호응하는 단정함을 갖추되 잔잔한 리듬에 의해 빛의 변화, 계절의 변화에 조응할 방법을 모색하기 위해, 그리고 서측의 강한 빛을 조절하기 위해 정면에 후퇴된 벽과 슈도 월Psuedo-Wall을 결합한다.

오랜 시간 정동길에 면한 공사관, 학교, 교회 건물들의 주재료는 붉은 벽돌이었다. 현대에 들어와 지어진 정동극장과 프란치스코회관 역시 붉은 벽돌을 사용하고 있다. 가장 최근의 이화여고 100주년 기념관은 옛 프라이홀에서 사용되었던 벽돌을 다시 일으켜 세워 정면 외벽을 만들고 있다.

단면계획

부지 전면의 마당과 테라스, 1층의 개방된 홀, 중간부의 지하와 지상으로 열린 작은 아트리움은 건물이 가지고 있는 공공영역 간의 유연한 흐름을 보여준다. 그리고 그 흐름은 지하의 가칭 화암아카데미 및 화암기념홀과 직결되는 동시에 지상에서는 뒤편 정원으로 이어진다. 이 모든 흐름들은 중앙부에 있는 수직 동선으로 귀결된다.

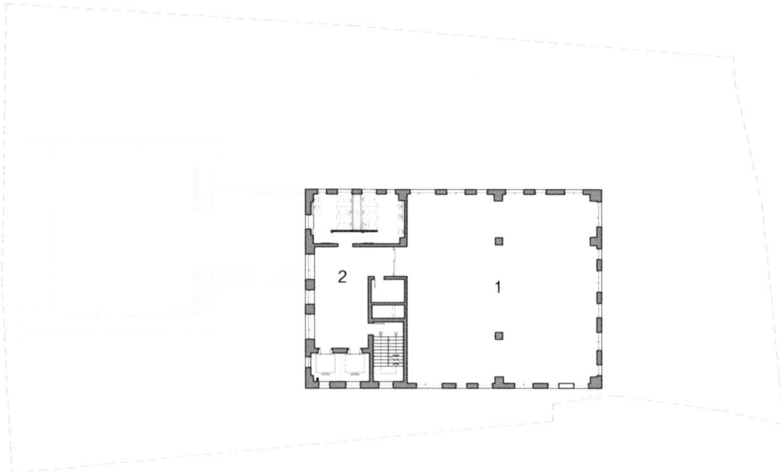

1. 업무시설
2. 홀

7층 평면도

우측면도

0 1 2 4 8

정면도

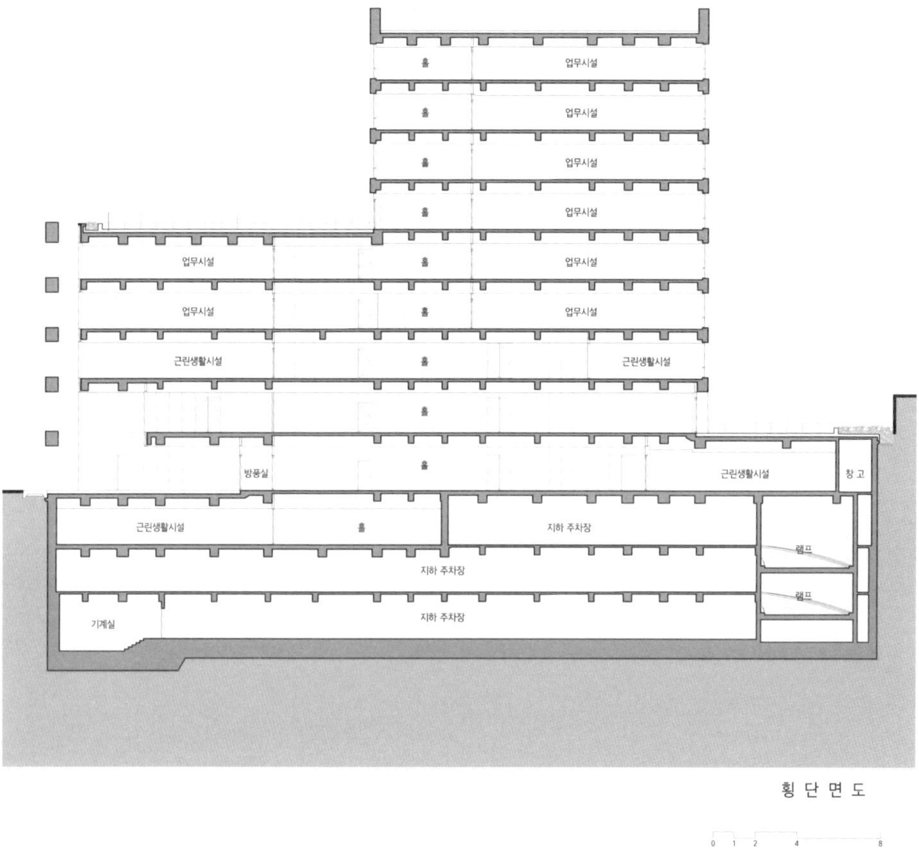
홀
업무시설
홀
업무시설
홀
업무시설
홀
업무시설
업무시설
홀
업무시설
업무시설
홀
업무시설
근린생활시설
홀
근린생활시설
홀
방풍실
홀
근린생활시설
창 고
근린생활시설
홀
지하 주차장
램프
지하 주차장
램프
기계실
지하 주차장
0 1 2 4 8

횡 단 면 도

함께 만든 사람들
Co-workers

메타건축
고덕건설 외

바른손센터

발주자 (주)바른손

대표 건축가 이종호

건축설계 및 감리 스튜디오 METAA

책임 건축가 **양남철**

기본설계 **양남철, 윤광진, 우의정**

실시설계 **김형태, 윤광진, 우의정**

상주감리 **우의정**

[설계 협력업체]

구조설계 ALT구조

대표 **김명호**

담당 **배성수**

기계설계 신도설비

대표 **김수훈**

전기설계 청송전기

대표 **이수희**

주차설비 롯데기공(타워파킹)

인테리어설계 METAA

조명설계 정강화

조경설계 METAA

시공사 ㈜상지종합건설(폐업)

현장소장 **고선채**

이화정동빌딩

발주자 학교법인 이화학원
이사장 이기우
감독관 윤석령

대표 건축가 이종호
건축설계 및 감리 (주)건축사사무소 메타
책임 건축가 우의정
설계공모 김영배, 홍정욱, 이준범
기본설계 김형석, 김영배
실시설계 김형석, 김성태, 이은숙
상주감리 김형석

[설계 협력업체]
구조설계 일맥구조
대표 정철규

기계설계 진경 엔지니어링
대표 최순선

전기설계 극동전기
대표 이광용

인테리어설계 METAA

조경설계 METAA

시공사 (주)고덕종합건설
회장 나기선
사장 김진영
현장소장 양향모
공사과장 이선교
공무대리 김민수

[시공 협력업체]
토목공사 왕성건설(주)
사장 이왕균
소장 김영남
토공 엄희용, 오형균, 양희창

골조공사 선한건설(주)
전무 이경모
소장 추구식
형틀 강대식, 김수은, 남영동, 김성윤, 조민호
철근 고영노, 이상도, 김경철

적벽돌 납품(기술지원) (주)토우
부사장 이규병
소장 심장보(기술지원)

적벽돌 시공 (주)은천건설
사장 이봉오
전무 조인택
조적공 송성락, 이종현, 김종원, 송정엽, 노영숙

AL창호공사 한양알미늄
사장 양흥욱
이사 차용규
창호공 서재식, 최웅기, 박재준

미장 · 방수 · 타일공사 (주)바로건설
사장 김용학
미장공 이사 장응태, 이판철, 김선규
방수공 김갑모
조적공 정병권, 유상진

금속공사 형인금속(주)
사장 조호재
이사 김영채

금속공 오동경, 고현배

석공사 (주)새현
사장 여운철
부장 김철호
석공 이귀용, 정영철, 배경식

수장공사 (주)근명기업
사장 김기환
부장 김성진
내장공 강문일, 강문호, 김용국

유리공사 금강지디씨(주)
사장 이현복
과장 기영간
유리공 임영석

도장공사 새롬도장
사장 이덕희
이사 이정진
도장공 류금순, 조충현, 박한용

조경공사 엘림조경건설(주)
사장 조중연
팀장 신원호
조경공 이준항, 오화섭

전기 · 전기소방공사 진명파워텍
사장 이명규
소장 박창준
전공 장용기, 배상빈, 박종오

기계 · 기계소방공사 금문제작(주)
사장 양기흥
소장 안종덕, 관리 김기홍
배관공 이창우

도움주신 분
자료협조 메타건축
팀장 신아름

자료협조 고덕건설
기술이사 양향모

사진 Credits
본문 전체 건축사진 김재경
p.8 전진삼

도면 Credits
본문 전체 도면 메타건축

발문
Epilogue

전진삼

《와이드AR》 발행인

이종호의 부재를 깨우는 것은 11월 11일 느닷없이 열리는 소셜미디어 속의 그의 생일축하 메시지다. 올해는 그의 타계 후 맞이하는 회갑년의 해다. 이 책은 부재자 이종호의 죽음을 기리는 것에 목적이 있지 않다. 우리는 늘상 부재를 껴안고 살아가고 있는 존재들 아닌가. 그의 존재는 그가 남기고 떠난 현실 공간 속의 건축에서 매번 확인 가능하다.

이 책의 기획자로서 그와의 연을 떠올리자면 공간연구소 재직 시절로 거슬러 올라가야 한다. 1985년 1월 나는, 김수근의 공간연구소 입사 합격 통지를 받고, 예비신입 사원과 교육담당자로 처음 그를 만났다. 김수근 선생의 타계 후 혼란기 속에서 사내보 《시간》의 책임편집자로 활동하고 있던 내게 어느 날, 그가 말했다. 전진삼 씨, 무서운 사람이야. 사내보를 통해 연구소의 막내기수가 하고 싶은 말을 쏟아내고 있다는 것을 에둘러 얘기하던 그다. 그 때는 쑥스럽게 들었던 말이었는데 세월이 지나 각자의 위상이 바뀌어서 조차 그는 때때로 연락을 주어서는 내가 하고 있는 일을 거칠게라도 짚은 후에야 개인적으로 고민하고 있는 사안들에 대한 후배의 의견을 물어오곤 했다.

그리고 2013년 11월 중순 어느 날, 세운상가 그의 작업공간에서 만남이 있었던 날, 우연하게도 이화정동빌딩 설계 당선 소식을 전화로 보고받는 그의 흥분된 표정을 잊을 수 없다. 그날 그가 말했다. 이제부터 다시 건축을 해야겠어. 앞으로 자주 봅시다. 그것이 그가 내게 남긴 마지막 말이었다.

이 책은 그가 하고자 했던 건축의 실체에 한 발 다가가기 위한 서설이다. 마침 이종호의 뒤를 이어 메타건축을 이끄는 우의정 대표의 적극적인 참여 의지가 겹쳐졌고 그로써 [간향 Critica] 첫 번째 책을 발행하는데 큰 힘을 나누었다.

비평 글을 쓴 송종열은 첫 문장에서, 왜 이 두 건물이 한 권의 책에서 비평의 대상이 되어야 하는가에 대하여 마뜩치 않음에 관한 물음으로 시작하여 청탁받음에 따른 작의적 해설로 이 책의 방향성을 선도하고 있다. 이종호가 공간연구소에서 스튜디오 메타로 독립하여 작업한 초기작이며 동시에 출세작인 바른손센터가 그의 건축인생의 처음 시기를 가리키고 있다면, 이화정동빌딩은 그의 건축인생 최후의, 말 그대로 유작이라는 점에서 서로를 대조하여 읽어내는 비평적 접근은 이종호가 건축가로서 관심해온 바가 무엇인가를 들여다본다는 점에서 유의미하다고 판단하여 평문을 청했던 터다. 만 20년이 넘는 사이 이종호가 거둔 건축의 성과로부터 우리는 어떤 비평적 가치를 발견할 수 있는가?

본의든 아니든 그의 말년은 건축가로서의 존재감에 앞서 도시 연구가로, 교육자로 지평을 넓혀왔던 터이기에 건축가로서의 이종호의 캐릭터는 상대적으로 위축되었다. 실상 그와 나눈 마지막 대화는 건축가로서의 자기 정위에 대하여 소홀했음을 반성하고 있었다고 해도 지나치지 않다.

돌이켜보면 1994년 간향동인(간향건축예술비평운동그룹)의 이름으로 단행본 『건축인 30대의 꿈』(도서출판 국제)을 통해 이 땅을 대표하는 30대 젊은건축가의 표본으로 이종호+양남철과 김준성을 앞에 세운 바 있다. 그 때 책을 기획 · 편집했던 우리는 20대 후반~30대 초반의 건축동인들로 구성되었는데 그 때의 당돌했던 시선이 틀리지 않았음을 이후 저들의 활동을 통해 확인받을 수 있었다. 고민 많은 젊은건축인들의 바라기가 되어주었던 그들 중, 한 사람으로서 이종호의 시그널은 여전히, 아주 오래도록, 유효할 것이라는 믿음에 변함이 없다.

이 책은 일반적인 건축전문 단행본과 별반 다를 바 없는 편집구성이지만 단 한 가지 면에서는 특별하다. 그것은 대표 건축가 이종호의 건축 작업을 함께 만든 사람들에 대한 기록을 담고 있다는 점에서 그렇다.

바른손센터는 준공 당시의 시공사가 폐업한 상태인지라 기록의 복원이 제한적이었던 반면 이화정동빌딩은 고덕건설의 협력으로 최대한 이 건물의 현장에서 애쓴 직능인들까지 세세하게 이름을 찾아내어 기록할 수 있었다.

모름지기 건축가에게는 그가 이끄는 건축설계팀 외에 그의 건축사무소 협력사들 그리고 건축현장의 노무자들에 이르기까지 모두를 아우르는 리더십이 필요하고 그럴 때라야 만이 건축가라는 칭호가 제격을 찾는다. 저들의 시공기술지원과 고된 노동력이 받쳐지지 않는 한 온전한 건축물로 탄생한다는 것은 있을 수 없는 일이다.

이는 [간향 Critica]를 발행하는 목적이며, 그로써 건축가의 존재감이 우리가 사는 시대로부터 미래에까지 보다 큰 자장으로 펼쳐지기를 바라는 바 크기 때문이다.

2017년 2월